CONSTELADO
千里远景，如在尺寸之间。

明清饮食

艺术食器·庖厨智慧

伊永文 著

中国工人出版社

目　录

C O N T E N T S

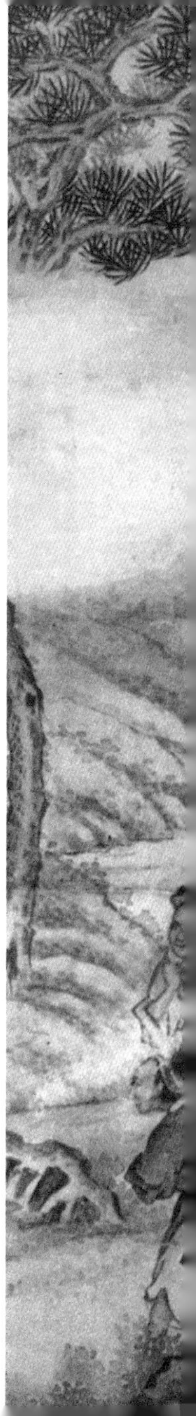

瓷器具

明清人民使用饮食器具量最多的当首推瓷器。“朝夕饔飧食在口，朝夕饔飧瓷在手”这句诗（章永祚：《景德镇观瓷窑歌》），非常真实地反映出了瓷饮食器皿的普及程度。早在明洪武二十六年（1393），政府就明文规定了社会各阶层的器用制度：六品以下的官吏、商人、庶民，都要用瓷器皿。（《明会典》卷六二《房屋器用等第》）自明入清，不同程度的粗、细瓷器生产已达全国除西藏、广西等地外的任何一个地方（傅振伦：《中国伟大的发明：瓷器》第一章，北京，轻工业出版社，1988），其中江西景德镇瓷厂最多时可达数千座（出自清康熙五十一年［1712］，在景德镇住了七年的法国传教士殷弘绪所写一信，此数目也许有些夸大，但专家认为，明清景德镇一般盛况有窑厂数百之多是不成问题的），具有各种技能的制瓷工匠也都集中在景德镇，形成了“工匠来八方，器成天下走”的景象。

明清的瓷器生产是分官窑、民窑两大系统运作的。从官窑来看，它主要生产一些朝廷、贵族特殊需要的器具，其中不乏日常饮食所用的碗、碟、杯等。

像明永乐年间所制的可饮酒又可饮茶的“青花压手杯”，即是较为典型的代表。此杯体宛如小碗形状。“坦口、折腰、沙足、滑底，中心画有双狮滚球，球内篆书‘大明永乐年制’六字。或白字，细若粒米，此为上品；鸳鸯心者次之；花心者又其次也。杯外青花深翠，式样精妙。”[①] 握于手中时，微微外撇的口沿，正压合于手缘，体积、分量适中，稳贴合手，故有“压手”之誉。此杯腹部绘缠枝花六朵，口边一周朵花纹，足边一周卷枝纹，主次分明，线饰清雅，使观者赏心悦目。尤为团花中心篆书“大明永乐年

---

① 谷应泰《博物要览》卷二《志窑器》。

制”款识，系永乐首创，为青花瓷器的装饰方法开辟了一条新途径。

民窑，则是完全商品化的生产，它生产出来的瓷器多为罐、盆、七寸盘、五寸碟、大碟、小碟、围碟、饭碗、茶碗、茶杯、盖盅、盖碗等[①]，与百姓的饮食生活有关。如景德镇的“小南窑”所产的一式小碗，色白带青，有青花、竹叶两种。其不画花，唯碗口周描二青圈，称“白饭器”。又有撇坦而浅，全白者仿宋碗，皆盛行一时。[②]

民窑产量非常之大，像人们所熟悉的明代正统元

▲（明）青花缠枝莲纹压手杯

① 高静亭：《正音撮要》卷三《瓷器》。
② 蓝浦：《景德镇陶录》第五卷。

年浮梁县民陆子顺，一次就向北京宫廷进贡瓷器五万余件。[①]但是，日常饮食所用瓷器究竟占多少？却无从得知。

史料告诉我们，明清时期的窑厂并不完全烧制瓷饮食器皿，特别是官窑厂。如一座官窑厂往往只烧一口供皇族洗浴的大“龙缸”，而且费时长久。所以这就使我们在观察明清瓷饮食器皿时，犹如眼前罩上了一层轻纱，朦朦胧胧，看不清它所能够达到的程度。然而，倘若变换一视角，就好像一幅传神的摄影作品给我们的启示的那样：

英国一名皇家禁卫骑兵肃立在伦敦白厅前，摄影者突出的是这位骑兵那装饰华丽、锃亮的头盔和镶边的衣领。通过这一局部的“特写”，可以让人想象到仪式的壮观。我们若循此视角，从瓷器烧制量最大部分，其操作、交易组织、运往外国的饮食瓷器……从这样的侧影上，不是也可以瞭望到明清饮食瓷器的数量和质量的壮观？

从宋应星《天工开物》来看，在瓷器烧制中，以

---

① 《明实录·英宗实录》第二二卷。

“圆器”量为最大，“凡大小亿万杯盘之类乃生日用必需”[1]，即日常饮食所用的瓷器皿，都属于“圆器”范畴。一座烧制“圆器”的坯房，称为一“处”，也就是生产“圆器”坯件的一个生产单位。按照明代“圆器”手工作坊的每“处”生产定额看，“每日出坯四十二板，每板十七个碗或盘，此是历代相传之

① 宋应星：《天工开物》卷中《陶埏》。

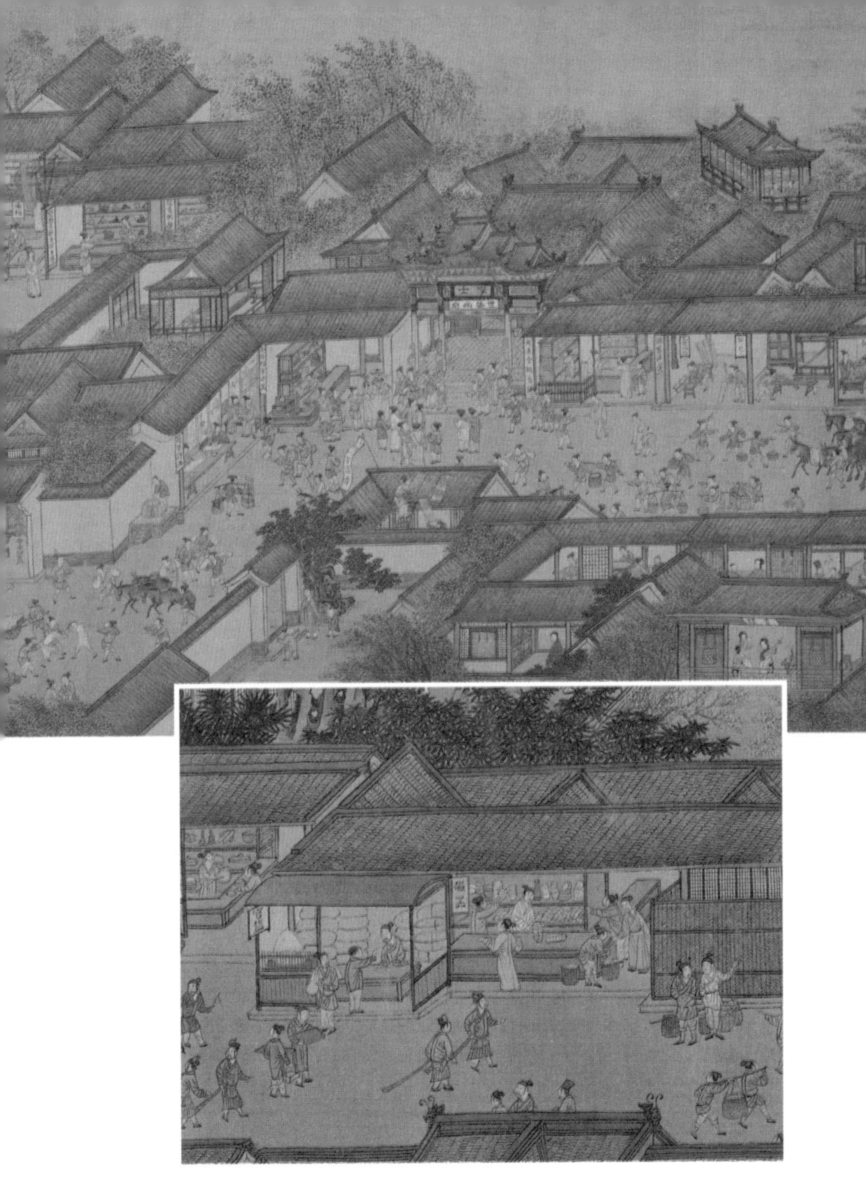

▲（明）仇英 清明上河图（局部）瓷器店 盐店

▶（清）佚名 瓷窑 外销画

▼（明）宋应星 天工开物·瓷窑

数”[1]。按此计算，一“处”应日产坯件七百余个。但不一定每“处”坯房都能达到这一定额，加之坯件在搬运、烧制中有损耗，因此把能入窑烧制成器的坯件

① 《救济景德镇瓷业办法》，载《中行月刊》第九卷，第四期。

▲（清）佚名 "茭草" 打包 外销画

估计为五百个为宜[①]，但也有明代民间青窑“容烧小器千余件”的记录。[②]

综观明清瓷烧制的发展进程，一般情况下平均一“处”一日烧制五百至七百“圆器”，鼎盛之时一

① 梁淼泰:《明代后期景德镇制瓷业中的资本主义萌芽》，载《明清资本主义萌芽论文集》，上海人民出版社，1981 年版。
②《乾隆浮梁县志》卷五《陶政》。

“处”可出千余件“圆器”。若再加上景德一镇，仅“民窑”就有“二三百区”的数量，予以估算，“圆器”数量是相当多了。

此外，在景德镇所有瓷器交易行业中，以“茭草行”为最大。所谓“茭草”，即在窑器出窑时的分类拣选中，“其各省行用之粗瓷，则不用纸包装桶，止用茭草包括”。“其匠众多，以茭草为名目。”[①]“茭草”在瓷器中所占的比重，即为“粗瓷”在瓷器中所占的比重，自然是最大的。

在《陶录》所列十八个专业中，也以“粗器作”产量最大，所以又称为“大作”。“做至砂工称大作，尊呼窑记为钱多。细瓷十一粗千百，布帛从来胜绮罗。”[②]这首诗将“粗器作”的商品化性质作了介绍。“粗瓷器”包括些什么？主要是饭碗、碟子、盆等日常饮食所需的器皿。我们还可以从明清时期国外对中国“粗瓷器”的需求进一步了解：

明万历四十八年（1620），在荷兰的东印度公司

---

① 唐英：《陶事图说》，《光绪江西通志》卷九三。

② 龚鉞：《景德镇陶歌》，中国书店本。

董事会写信给巴达维亚的总督燕·彼得逊·昆，要求他除购买一批最好的、一批中等的瓷器外，还要买一批如平常运来的“粗瓷器”。这批“粗瓷器”是：

最大的盘五百个，中的二千个，较小的四千个，双层黄油碟一万二千个，单层黄油碟一万二千个，水果盘三千个，小水果盘三千个，热饮料杯四千个，小热饮料杯四千个，大碗一千个，小碗二千个，浅碟八千个，桌盘五千个。[①]

“粗瓷器”为日常饮食用的瓷饮食器皿，于此可以得知。从1602年到1657年，前后半个世纪左右，运到荷兰的中国瓷器总数有三百万件以上。估计在明万历三十年（1602）到清康熙二十一年（1682）这八十年中，有一千二百万件或一千六百万件瓷器，被荷兰商船运往国外。[②] 在当时，经营瓷器运销业务的

① 《燕·彼得逊·昆东印度商务文件集》第四卷，第564—565页。

② 陈万里：《宋末——清初中国对外贸易中的瓷器》，载《文物》，1963（1）。

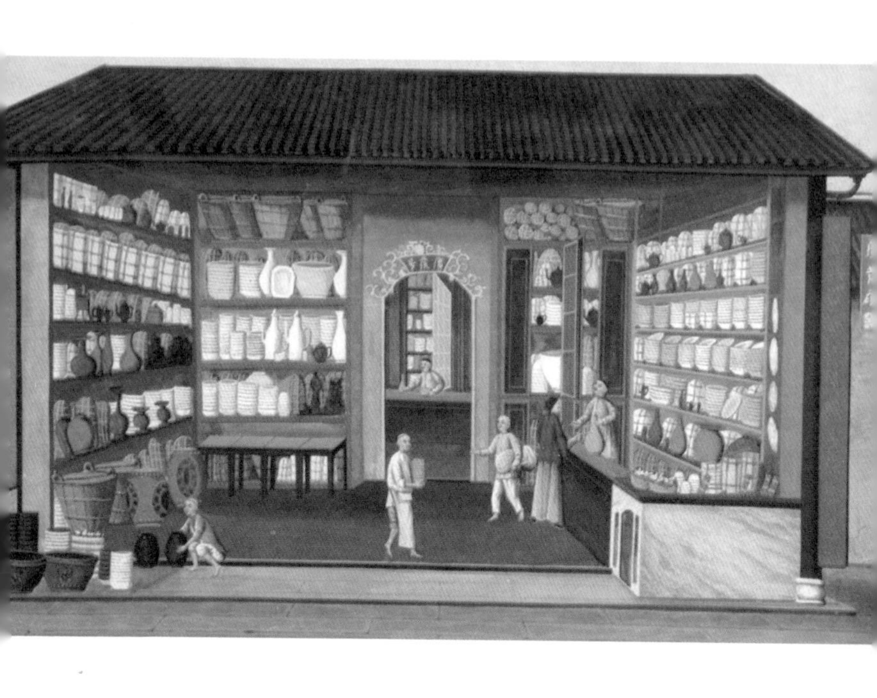

▲（清）佚名 瓷器店 外销画

不只是荷兰东印度公司，我国海商也大量输出瓷器，还有阿拉伯人、日本人、缅甸人、马来亚人、印度人、英国人、葡萄牙人。因此，明末清初之际中国瓷器的输出数量远远超过一千六百万件。[①]

确切地说，这些瓷器绝大部分为日常饮食所用瓷器，随便找一个当时的实例便知端详。如明崇祯七年（1634），有一条史料记述了荷兰人在彭亨（Pahang）采取的一次海盗式行动，他们得到的是中国贩运出国的瓷杯十万七千三百个，瓷盘一万四百五十个。[②]

而且绝不仅此，据专家考证，在明清之际，中国日用饮食瓷器已远销到欧洲的葡萄牙、西班牙、法国、英国、德国、奥地利和意大利；美洲的美国；[③]整个非洲的大部分国家和地区[④]；中国周边的亚洲各

---

① 林仁川：《明末清初私人海上贸易》第六章，华东师范大学出版社，1987年版。

② 中国硅酸盐学会：《中国陶瓷史》第九章，文物出版社，1982年版。

③ 朱培初：《明清陶瓷和世界文化的交流》，轻工业出版社，1984年版。

④ 马文宽、孟凡人：《中国古瓷在非洲的发现》，紫禁城出版社，1987年版。

▲（清）运往海外的乾隆粉彩鱼形汤盒

国，如菲律宾、日本、朝鲜、印度尼西亚等[1]；阿拉伯半岛；东地中海沿岸到美索不达米亚。[2]

一位外国人为此而惊叹道：“世界对瓷器的要求是如此之多，以至于最后都充满了中国的杯和茶

① 叶文程：《中国古外销瓷研究论文集》，紫禁城出版社，1988年版。

② 三上次男：《陶瓷之路》，文物出版社，1982年版。

▲（清）运往海外的嘉庆粉彩描金样盘

壶。”[①] 尤其是在欧洲，中国饮食瓷器竟使家庭主妇纷纷在厨房和餐桌上抛弃了昂贵的金银餐具和既粗笨又不干净的陶器餐具。对于欧洲市民来说，中国的饮食瓷器给他们带来了清洁、舒适、愉快和便利。

正像明代一位来自阿拉伯国家的商人认为的那样，中国的“瓷器有三大特点，除玉石以外，其他

① 《十七世纪荷兰海外贸易概述》，第62页。

▲（清）雍正二年试乙号样款粉彩荷莲纹盘

▲（清）嘉庆描金地粉彩福寿莲花纹茶壶

▲（清）康熙黄底珐琅新牡丹纹碗

物质都不具备这些特点：一是把任何物质倒入瓷器中时，混浊的部分就沉到底部，上面部分得到澄清；二是它不会用旧；三是它不会留下划痕，除非用金刚石才能划它，因此可用来验试金刚石。用瓷器吃饭喝水可以增进食欲”[1]。这位阿拉伯商人的见解不十分完全，但是他总结出了瓷饮食器皿的一些优良之处。

较之其他饮食器皿，瓷饮食器皿是有许多优越性的。比如：

一、胎面致密化，不透水和气，具有光泽；

---

① 阿里·阿克巴尔：《中国纪行》第九章。

二、减少表观缺陷，给人一种晶莹如玉的感观；

三、表层可承受少许预加压应力，相对提高使用强度；

四、消除表面显微裂纹，防止污物黏附，便于清洗。

这些优越性，是瓷饮食器皿在明清时期盛行的一个原因，但不是唯一的原因，瓷饮食器皿之所以在明清有着超乎寻常的表现，原因是多方面的，有社会生产力高度发展的原因，有烧造技术、成型技巧等原因……其中一个重要原因是人们日益增长的饮食生活的需要和变化繁衍的审美意识，促使着瓷饮食器皿的数量和质量不断发展。

明清瓷饮食器皿形类之多是举世闻名的：碗、碟子、盅、盒、坛、罐、壶、饭勺、茶匙、筷、醋滴、盆、缸、瓮、钵、盘等。[1] 而且都可以饰装夔龙、云雷、鸟兽、鱼水、花草，或描或锥，或暗花或玲珑，诸巧无不具备。明清的瓷饮食器皿，已在融使用、观赏于一身上有了历史性的突破。

---

① 朱琰：《陶说》卷一《说今》。

▲（明）成化斗彩鸡缸杯

明成化烧制的饮酒所用的“斗彩鸡杯”就是一个很好的证明。现藏故宫的“斗彩鸡杯”（又称鸡缸杯）其形浅、敞口、卧足，足底青花双方框双行“大明成化年制”六字楷款，高3.3公分、足径4.1公分、口径8.3公分。器里光素无纹饰，器外绘纹饰四组：一组兰花柱石；一组芍药柱石；一组子母鸡五只，那红冠黑尾的雄鸡回首顾盼，似在警卫防护，母鸡则正低头寻食，而三只活泼可爱的小鸡分别奔向母鸡作扑食状；另一组亦绘子母鸡五只，雄鸡神气地昂首长鸣，母鸡正在啄虫，小鸡们环绕着母鸡。纹饰分别填以红、黄、绿、墨等彩色，上下画青花边线三道。[①]

这种将釉下青花和釉上彩结合，以优美的子母鸡画装饰，遂产生了釉上、釉下彩绘争奇斗艳的效果，红彩鲜艳，墨色发暗，黄绿彩光亮可透视釉下的青花线纹，交相辉映，清爽醒目，不愧为“斗彩”佳构。

当然，这样的酒杯使用者是有局限性的。就像在明代，庙会市场上的“成杯一双，值十万钱”[②]，不是一般老百姓所能享用的。但是明清有名的工艺作品，如陆子冈的玉器，吕爱山的金器，朱碧山的银器，鲍天成的犀器，赵良璧的锡器，王小溪的玛瑙器，蒋抱云的铜器，濮仲谦的雕竹器，娄千里的螺甸器，杨埙的倭漆器，都能用瓷仿制。[③]

尤其是在景德镇上，此风甚盛。“凡戗金镂银、琢石、髹漆、螺甸、竹木、匏蠡诸作，今无不以陶为

① 刘兰华：《成化斗彩鸡杯》，载《故宫博物院院刊》，1982（2）。

② 刘侗、于奕正：《帝京景物略》卷四《城隍庙市》。

③ 朱琰：《陶说》卷一《说今》。

▲（清）佚名 在瓷器上描画图像 外销画

▲（清）嘉庆珊瑚红地五彩描金婴戏图大碗

之。或字或画，仿嵌惟肖。”[1]而且制作瓷器已成为每家每户的手工业，往往是丈夫“做好瓷坯”，妻子便专职在上面“描画花草人物”[2]。这就使一般的老百姓都能有机会享用到较有艺术性的瓷饮食器皿。

这样的瓷饮食器皿虽不能与官僚阶级所享用的高级的瓷饮食器皿相颉颃，但由于整体的制作瓷饮食器皿的工艺水平的提高，相去并不甚远。这样的瓷饮食

① 蓝浦：《景德镇陶录》卷八。
② 冯梦龙：《醒世恒言》第三四卷，人民文学出版社，1956年版。

▲（清）雍正粉彩西厢人物大盘

器皿还是达到一定水平，足以令人赏心悦目。如在江南一个普普通通的小县城中，小商贩是这样做生意的：

他们在茶馆里拎着“跌博篮子”，那篮子里装的是些“五彩淡描瓷器”等物品。提“跌博篮子”的商贩哄着顾客“跌博”，有顾客便“在那篮子内，拣了四个五彩人物细瓷茶碗，讲定了三百八十文一关”……[1]

① 邗上蒙人：《风月梦》第二回，齐鲁书社，1991年版。

明清的五彩人物瓷饮食器皿，多以戏曲、小说中的人物故事为题材，其中以康熙年间描绘武士的所谓“刀马人”为最名贵。这些五彩人物瓷饮食器皿，线条简练有力，以蓝、红或黑色勾勒人物面部和衣褶轮廓，然后用平涂的方法敷以各种鲜艳的彩色，给人以一种明朗感，是瓷饮食器皿中艺术性较高的代表之作。而“五彩人物细瓷茶碗”，已和扇套、骨牌、象棋、烟盒等人们最为常见最为常使的物品，同等为“跌博”之物，则充分显示了明清五彩人物瓷饮食器皿的普及。

同时，这一现象也显示出了崇尚瓷饮食器皿之风。清代的学问家也曾描述过这样的情景：北京宴客，器皿精致，不但外省未见过，就是北京也不多有。这是由于这些瓷器出自内库，还有不少明代瓷器。其式样之工，颜色之鲜，质地之美，人偶得一器，必珍为古玩。嘉、道年间遂为酒席之用，每一位厨师都可以准备十多席这样的器皿。①

作为社会代言人的小说家，敏锐地观察到了这一

① 姚元之：《竹叶亭杂记》卷二。

“美食不如美器”的现象，进而通过瓷饮食器皿联系到家族的兴衰，写入了自己的著作中：

王象荩去不多时，拿了一篓茶叶、十来包果子，递与赵大儿作迷饤碟子，说程爷、孔爷、张爷、苏爷、娄少爷就到。赵大儿问道：“奶奶，碟子在哪柜里？”王氏道：“哪里还有碟子？”赵大儿道：“一百多碟子，各色各样，如何没了？”王氏道：“人家该败时，都打烂了。还有几件子，也没一定放处。”赵大儿各处寻找，有了二三十个，许多少边没沿的，就中拣了十二个略完全的，洗刷一遍，拭抹干净，却是饶瓷杂建瓷，汝窑搅均窑，青黄碧绿，大小不一的十样锦，凑成一桌围盏儿。王氏看着，长叹了一口气。[①]

一个共同的社会氛围——瓷饮食器皿影响着生活的质量，被小说家微妙而不露痕迹地传递出来了……

① 李绿园：《歧路灯》八三回，中州书画社，1980年版。

金、银、玉器具

明清金、银、玉饮食器具的最多拥有者和最高成就者，当推贵族和皇家。普通贵族使用的金、银、玉饮食器具，不时有精品涌现。大贵族所使用的金、银、玉饮食器具，更是富可敌国，名贵非凡。皇家的金、银、玉饮食器具，则已占尽了天下制作这些饮食器具的“天时、地利、人和”，而独领明清金、银、玉饮食器具的风骚。

明洪武二十六年（1393），朝廷发出了对饮食器皿的规定。其中“公侯一品、二品酒注、酒盏用金，余用银，三品至五品酒注用银，酒盏用金；六品至九品酒注、酒盏用银”[①]。史官未明确记录皇帝应用什么样的饮酒器皿，但不言自明，至高无上的皇帝所用的饮酒器皿当毫无疑问是金、银饮食器皿中最高水平的了。有道是：

君王蚤起视千官，金灶争催具凤餐。

红粉珠盘排欲进，再三擎向手中看。[②]

而这还是明代自奉节俭的朱元璋当朝时的情景。后来的皇帝所用的饮食器皿之精之高就更值得细细

---

① 《明会典》卷六二《房屋器用等第》。

② 黄省曾：《洪武宫词二十首》，明宫词，北京古籍出版社，1984年版。

▲（明）镏金银托盘双耳白玉杯

品玩了。

1956年在北京西北郊十三陵的定陵出土了一件由玉碗、金碗盖和金托盘组成的饮茶或参补品、水汁类的金、玉饮食器皿，可以看作是集明代皇家金、玉饮食器皿优秀大成的制品。这只玉碗与常用的碗并无异样，器身为圆形，底部有一圈足，高15厘米，玉材呈青白色，洁润透明，光素无纹，胎薄如纸。

最为珍贵的是玉碗的金盖和金托盖。金盖高8.5厘米，重148克，用纯金錾刻而成，盖顶还巧饰一盛开的莲花形钮。盖口与碗口完全吻合。金托盘直径20.3厘米，重达325克，盘边沿满饰祥云纹，盘底布满了龙纹。盘中央还凸起一圆圈，用以承托玉碗。金盖与金托盘相互生辉，金与玉色调对照，更显这件饮器的典雅、华贵。

尤其是盖身用镂空和浅浮雕技艺，錾镂三排在汹涌澎湃的波涛中游动的蛟龙，下有层层水草。这种将龙的祥瑞象征大为突出的表现技法①，一改狰狞飞腾的蛟龙模式，使蛟龙显得生动、活泼、可爱。

这一器皿所显示出来的外形的华贵性、装饰性和夸耀性，以及艺术上的精湛性、典雅性、庄重性等诸多特点，可以概括地反映明代皇帝以此来体现政治上的至尊至崇至荣的地位，突出“举世无双”的精神。而这只不过是一件金、玉合璧的饮食器皿，再看一看清代皇帝一人所使用的金、银、玉饮食器皿就更会震惊于这种气势了：

金锅、金碗、金大盘、金茶桶、金勺、金碟、金匙、银锅、银大盘、银碗、银碟、银马勺、银漏勺、银罐、银钴、银汤碗、银大锅、银暖盘、有足银盘、

---

① 殷志强：《玉碗》，载《国宝大观》，上海文化出版社，1990年版。

▲（明）金执壶

银高丽碗、银笊篱、银碗盖、银旋子、银套盘、银套碗、银套杯、银杯盘鋉、银匙、银羹匙、银锅盖、银茶桶、银盘、银壶、银双耳罐、银勺、银漏子、银钟。其中银大盘就有一百三十一件，银二号盘就有二百一十件之多，银碟有二百三十件之多，一金茶桶就有五件之多①，一口银锅重达一百三十九两六钱，而且即使是银匙、银叉、银筷也都用汉玉镶嵌紫檀商丝制就。②

---

①《钦定大清会典》卷九八，“凡金银之器，以时请”。

②《御膳房金银玉器底档》，乾隆二十一年十月立。

数量如此繁多，品种如此齐全，一人独享，可谓风光占尽，惬意非凡。更何况这些金、银、玉饮食器皿，件件都是价值连城的艺术品。仅以盛酒器具而言，一件“云龙纹葫芦式金执壶”的艺术性，就足以倾倒一世了。[1]

此壶身作葫芦形，高 29 厘米，腹径 16 厘米，最宽 25 厘米，形体大小适中，壶身由上小下大的两个球体构成，连接部分做成高而细的束腰，使整个器形的轮廓呈反转 S 形，有收有放，富于曲折变化。

壶盖也呈球形，底部圈足外放得较宽，呈喇叭形，使底面加大而重心亦趋稳定。壶的一侧，安有略呈 S 形弧曲、素面而细长的流，为便于筛注，流口略向外伸展，曲流纤细宛转，上端高度与壶口齐平，流口饰细小的联珠纹一周及合子卷草纹，下端略有膨大，做成龙首形，附接在器腹上部。

为了防止曲流易损，在流的上部和壶身之间，以小横梁连接加固，梁上镶红、绿宝石，隙间饰卷草

---

① 黎忠义：《云龙纹葫芦式金执壶》，载《国宝大观》，上海文化出版社，1990 年版。

纹，使小梁又成为壶身装饰的一部分。壶的另一侧与流相对，附有S形龙形曲柄，曲柄的高度与流壶口齐平，与流相均衡对称，曲柄上端饰圆雕的龙首，下端饰卷鬣，柄中段光素，龙形木柄曲折有致，极富韵律。壶盖的钮上，有细长的金链与柄尾相连，整个造型十分纤巧秀丽。

这把“云龙纹葫芦式金执壶”，称得上是金饮食器皿的珍品，但这并不意味着皇帝才是这类珍品的唯一享用者。尽管在使用金、银、玉饮食器皿方面有着明确的规定，可是一些贵族，也有着享用金、银、玉饮食器皿的实力。

明代一县城的财主，在一次极普通的往来迎送中，所喝的木樨青豆泡茶，用的茶匙是金杏叶的，茶杯是银镶竹丝的，茶盘则是云南玛瑙雕漆方盘。[①] 而清代一般有身份的人士，也可以在一次平常的宴饮中，摆出十分精洁的水晶壶、玉杯、象牙筷子等名贵饮食器具。[②]

---

① 兰陵笑笑生：《金瓶梅词话》第三五回，人民文学出版社，1985年版。

② 李庆辰：《醉茶志怪》卷一《王建屏》。

那些有地位的王公显贵，拥有的金、银、玉饮食器皿则更甚。明朝太子太保、礼部尚书钱谦益，向清军投降时贡献了几种金、银、玉饮食器具：

开鎏金银壶一具、珐琅银壶一具、蟠龙玉杯一进、宋制玉杯一进、天鹿犀杯一进、夔龙犀杯一进、葵花犀杯一进、芙蓉犀杯一进、珐琅鼎杯一进、文玉鼎杯一进、珐琅鹤杯一对、银镜鹤杯一对、银镶象筷十双。[①]

钱谦益之所以献上这些金、银、玉饮食器皿，是为了表示自己的廉洁，因为当时许多富有的降臣向新主子贡献多至万金。廉洁者尚拥有如此名贵金、银、玉饮食器皿，贪赃枉法的贵族的饮食器皿之豪贵就可略知大概了。

在明清之际，仅从几家被抄贵族就可看出：明正德中，刘瑾的货财中金、银汤鼓就有五百个[②]，明嘉

① 王应奎：《柳南随笔》卷二。
② 王鏊：《震泽长语》卷下《杂伦》。

▲（明）杜茂墓出土金灵芝双耳杯

▲（明）金镶宝飞鱼纹执壶

靖朝的钱宁也有金、银汤鼓四百个之多[1]，其中，尤以明代严嵩、严世蕃父子与清代的和珅、丰绅殷德父子所拥有的金、银、玉饮食器皿惊人。

严氏父子对金饮食器皿占有欲显得很强烈，因为在他们那里几乎每一种可以制作饮食器皿的材料都予“金镶”，“金镶”饮食器皿应有尽有：

珠母壶，二把；盂，二个；宝石珐琅壶，二把；朱砂酒杯，六个；牛角套杯，六个；犀角茶盅，九个；犀角酒盘，十九面；鹤顶杯，一个；光牙茶盅，十八个；花牙茶盅，九个；牙大酒杯，八十个；牙中酒杯，六十个；牙小酒杯，七十二个；象牙套杯，二十二个；玳瑁茶盅，四十八个；螺钿高脚盅，六个；玳瑁高脚盅，六个；明角茶盅，十二个；碗，二个；玉酒杯，一个；减银茶盅，十二个；减银酒杯，十个；藤茶碗，六个；龟筒大茶瓶，六个；龟筒茶盅，四十个；彩漆茶碗，十个；玳瑁酒杯，二十九个；檀香酒杯，十二个；犀角荷叶杯，一个；

① 孙继芳：《矶园稗史》卷一。

海螺杯，一个；珐琅酒杯，十一个；香木酒杯，十个；描金酒杯，二十个；牛角小酒杯，三个；玳瑁大酒盘，六面；小酒盘，九面；牙筷，一千一百一十双；双龙龙卵壶，二把；龙卵酒瓮，二个；玉宝碗架，一个。

纯金饮食器皿有：各式、各种用途的壶，一百一十五把；各样盛酒或饮茶、参汁水类的杯、盏，二千三百二十九只；酒缸，一个；盘，六百零四面；碗，十个；茶盅，十二只；钵，一个；茶匙，四十六根；重达六十四两六钱五分的果盒，一个。

金嵌珠宝的饮食器皿有：壶，十把；杯，二百二十五只；盘，一百二十六面。此外尚不包括损坏的杂色金饮食器皿：大碗，三个；酒壶，四把；酒盘，一面；小勺，二把；酒杯，二个；筷子，二双；茶匙，一百一十六把；金丝无胎茶盅，五只。

银饮食器皿有：果盒，二十个；攒盒，十四个；壶，二百二十六把；酒盂、爵盏，二百六十九只；酒杯，四百五十七只；银羽觞，二副，十二件；圈套杯，二副；方套杯，三副；盘，二百八十四面；勺，十六把；筷，二十双；菱花大小碟，八十面；大汤碗、有座看碗、方碗、壳碗，二十八个；汤罐，七个；酒樽，三只；汤鼓，十六个；茶匙，五十六把；大勺，四个；锅，二只；乌银酒海，六个；方圆酒鳖，二个。此外还有“银镶”饮食器皿：犀角大酒杯，一个；小酒杯，一个；宝石椰子壶，一把；珠宝酒盘，一面；牙筷，一千零九双。

玉饮食器皿有：壶，九把；盘，八十三面；玉杯，三百五十只；觞，三只；爵，六只；盏，一只；碗，二个；碗架，一座；勺，一把；瓢，二个。[①]

清代和珅、丰绅殷德父子所拥有的金、银、玉饮食器皿的数量与质量也是可以与严氏父子比肩的。它们是：

金碗碟，三十二桌（四千二百八十八件）；金镶玉筷，五百副；金镶象筷，五百副；金茶匙，六十根；金珐琅漱口杯，四十个。

① 笔者据佚名《天水冰山录》所记严氏家财中的金、银、玉饮食器皿所作的统计。

“银器库”里有：银碗，七十二桌；银镶筷，五百双；银茶匙，三百八十根；银漱口杯，一百零八个；银珐琅漱口杯，八十个。[1]

银碗碟，三十二桌（四千二百八十八件）。

“玉器库”里有：玉碗，十三桌；白玉汤碗，一百五十四个；白玉酒杯，一百二十四只；白玉大冰盘，二十五面。

玭玺大燕碗，九十九个；玭玺大冰盘，十八面；水晶酒杯，一百二十三只。[2]和珅所有的二间“玉器库”，估银七千万两。[3]

这些金、银、玉饮食器皿，无疑都是做工精细、价值连城的珍品。清代有笔记：宫内有一乾隆喜爱的直径尺许的碧玉盘，一日为太子失手摔碎，和珅为使太子免罚，从家里拿来一色泽在所碎盘上，径至一尺

① 《查抄和珅家产清单·目录》。

② 薛福成：《庸庵笔记》卷三《查抄和珅住宅花园清单》。

③ 中国第一历史档案馆藏：《全宗号2·杂册·和珅犯罪全案档》。

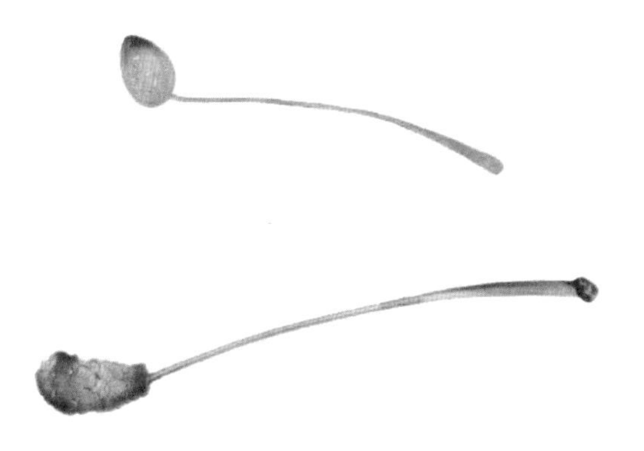

▲（明）梁庄王墓出土金茶匙

▲（清）龙头纹银壶

五寸多的碧玉盘。[①]这间接说明了和珅父子的金、银、玉饮食器皿，不仅品种全、数量多，质量也高。

就是一般贵族所拥有的金、银、玉器皿都有相当的规模。如有一贵族之家就能有：赤金盘六个、赤金酒壶十二把、赤金大小杯共八十个、玉杯大小四十个、银盘十二个、银壶二十四把、银杯大小八百个。[②]清代一官吏有一重达二十余两的银碗，当他得知侍奉他的家童没有娶妻，便取石槌扁银碗给家童让他用此娶妻。[③]

而且，一般贵族所拥有的金、银、玉器皿的质量和式样也非常出色。如清代一贵族家的四把银壶，不用人斟，酒壶自会斟出酒来，只要自个杯子接着壶嘴，壶中有心，心里有个银桔槔，一条银索子一头在盖子里面搭住，斟满了酒，把盖子左旋，里面桔槔戽动，酒便从壶嘴里出来，斟满了，把盖子右旋，就住了。[④]

---

① 李岳瑞：《春冰室野乘》卷上《纪和珅遗事》。

② 庚岭劳人：《蜃楼志全传》第十八回，百花文艺出版社，1987年版。

③ 刘献廷：《王辅臣事》，《拼音文字史料丛书》。

④ 陈森：《品花宝鉴》第三五回，上海古籍出版社，1990年版。

▲（明）青玉花卉灵芝耳杯

不少贵族，有时甚至可以拥有皇家所没有的稀奇饮食器皿。明代吴中一地，有一周姓贵公子，家有美玉，使工作杯，玉色粹白，傍有赤文，九工琢之，为盘螭，成型后用重金盛装。后被太监听说，用五百两银子强购，进贡朝廷。皇帝很喜欢这玉杯，每晚必举此杯畅饮。[①] 清代一贵族则有一宽五寸，深四寸六分，径长七寸的白玉碗，举碗映膏烛，皎若冰雪，黄点像数十栗子点缀在上面。[②]

贵族及皇帝之所以钟情于玉饮食器皿，主要是因为玉为历代所尊崇。在典籍中，玉是“仁、智、廉、

① 吴翌凤：《灯窗丛录》卷五。
② 孙静庵：《栖霞阁野乘》下《朱竹宅轶事》。

礼、乐、忠、信”的化身。[1]传统观念一向认为，用玉做的饮食器皿可以避毒，故明清时期的玉器皿以实用性居多，主要有盘、碟、碗、杯、盏、樽、罐、执壶、酒壶、烟壶、筷、叉、勺等。[2]而这些玉饮食器皿最精最多仍为皇家。

明代宫廷的玉执壶就很多，其造型有荷花式、竹节式、八方式等，它的样式受瓷器和紫砂等民间工艺的影响，一改玉雕中的仿古风格，装饰图案有八仙祝寿等，十分别致。

明代宫廷玉杯雕饰是很精巧的。杯的一侧或整个杯外有极复杂的镂雕装饰，镂雕部分体积较大，有些超过杯的容器部分，或为花卉枝叶，或为树枝干，还有的雕有人物故事，表现了极纯熟的镂雕技艺。[3]

清代宫廷玉饮食器皿，有阴线、阳文、平凸、隐起和镂空多种做工，精美异常。品茶、饮酒的杯、

---

① 陈留美：《漫谈中华玉文化》，载《人民日报》，1991-12-09（海外版）。

② 杨伯达：《清代宫廷玉器》，载《故宫博物院院刊》，1982（1）。

③ 张广文：《玉器史话》第七章，紫禁城出版社，1992 年版。

盏、壶和仿古式觚、爵、觥等，玲珑小巧，造型富于变化，少有重复。食用器中的碗、盘、碟、盆等，多系成双成对，成组成套。[①]

清代宫廷玉饮食器皿受痕都斯坦玉器影响很大。据专家考证，痕都斯坦在今巴基斯坦北部、阿富汗东部一带地区，系昆仑山脉的西部支脉，盛产玉石。此地“人习技巧，善攻玉器。”[②] 所出玉饮食器皿如诗所说：“玉碗轻纤似赫蹄，照人光彩彻琉璃。”[③]

痕都斯坦玉器所以闻名，主要是得到了乾隆的赏识。那是他平定准、回两部，收归新疆版图后，清将

▲（清）和田白玉对杯

① 李久芳：《清玉琐谈》，载《故宫博物院院刊》，1991（2）。
② 阮葵生：《茶余客话》卷十三。
③ 王曾翼：《回疆杂咏》；《昭代丛书》。

带着当地王公使用的碗、盘等玉饮食器皿呈贡，乾隆见到这与中国传统玉器风格迥异，具有鲜明伊斯兰神韵的“舶来品”，爱不释手，遂采取了鼓励进口的政策，乾隆还命内廷仿制痕都斯坦玉器，“白玉错金嵌宝石碗”便是其中佼佼者。

此碗是用新疆和田羊脂白玉琢成的。玉如凝脂，洁白无瑕，碗的外壁饰错金花卉枝叶，并以一百八十颗闪烁的宝石嵌成红色花朵，玉蕴金辉，光泽晶莹。碗心镌隶书“乾隆御用”四字。缘碗的内壁刻楷书乾隆御制五言诗：

酪浆煮牛乳，玉碗凝羊脂。御殿威仪赞，赐茶恩惠施。子雍曾有誉，鸿渐未容知。论彼虽清矣，方斯

▲（清）乾隆和田白玉错金嵌宝石碗

不中之。巨材实艰致，良匠命精追。读史浮大白，戒甘我弗为。

末署“乾隆丙午新正月御题”，并“比德”一方印。[①] 由诗可知，在朝会、大宴时，乾隆用此玉碗向群臣赏赐奶茶。当然，用此玉碗，并非只着眼于此玉碗的避毒性。还有像清宫中其他巧夺天工的玉饮食器皿：

佛钵香云白玉碗、春岗霁色青玉碗、银汉秋澄白玉碗、双龙腾霭青玉碗、琪花吐艳青玉碗、圆池晕碧碧玉碗、壁沼盘花碧玉碗、寿城同春碧玉碗、瑞卉联芳青玉碗……[②] 有着欣赏卓绝的艺术性的一面。

但最为主要的是乾隆以此玉碗，来显示自己对“山川精英”——玉器的占有，进而显示自己地位的至高无上和雍容华贵的皇家气派，更何况还可以显示乾隆对外来文化积极吸纳的意趣。

---

① 李久芳：《白玉错金嵌宝石碗》，载《故宫博物院院刊》，1981（1）。

②《国朝宫史》卷十八《经费·二》。

轻便器具

明清的社会风气，由于越来越开化，各种社会应酬越来越多，各种宴饮也日益旺盛，一种既轻又便于携带、安放和变化的饮食器具应运而生。这种“轻便饮食器具”，并不局限于野外郊游，在许多士人家庭和一般平民百姓日常生活中，也十分流行。

专家们一致认为，中国的器具发展到了明清，有一与前代明显不同的特点，那就是日趋纤巧繁复。这是因为文化传统模式已洋洋大观，似乎很难再有什么大的发展了。人们便在已有的文化传统模式上大下功夫，或改旧意，或加工、提高。

以明清文人的文玩造型为例，他们对前代传下来的一器多用的盒、橱等多加变化，将能盛放各类文玩的盒子，又有文具、书箱之称的“多宝槅”改造得更加复杂。使各种尺寸大小不一的玩器共纳一处，并顾及彼此位置相宜，使最小空间巧妙地放置最多的器具，收藏及携带十分方便，形成了一种特殊空间设计的艺术。

明清文人认为，“轻便器具”要外形小巧而多容善纳，因此不但有格有屉，且格中有夹层，屉内有小盒，配以机轴转圜，并讲究本质、漆式，纹样及绞

钉、销铜等副件，轻便美观，极具巧思。[①]

明代戈汕所主张的“蝶几”就很有代表性。顾名思义，蝶即蝴蝶。其巧小而奇，其形状制为斜、半斜、长斜等三角形，能组成亭山、鼎、瓶、蝴蝶等形状，随意增损，聚散咸宜，可在亲朋好友来到时使用，每一改陈，辄得一变，或用以饮酒，或用以吃饭，变幻无穷，形态各具。[②]

甚至皇帝也非常热衷于这种空间处理巧妙而变化复杂的“轻便器具”。乾隆就有一件箱桌两用制品，堪称“轻便器具”的杰出之作。这只精巧别致的箱子，体积不大，长74厘米，高14厘米，宽29厘米，箱子周围八角用铜鎏金云纹錾花薄片包钉，箱盖前面装有铜镀金暗锁，背面装两个金属活动合页，便于开关。

◀（清）佚名　雍正十二美人图（局部）
精巧的多宝槅

① 蔡玫芳：《文房清玩》，载《中国文化新论》，台湾联经出版事业公司，1983年版。

② 戈汕：《蝶几谱》，《群芳清玩》。

箱内的设计，更是别出心裁，内里有两个同样大小的屉盒，每个屉盒中部有两层形式不同、大小各异的格子，可置放六十五件文具和日常饮食生活用品，如直径 5.7 厘米的青玉小碗等，一应俱全。每到一处，可以随时打开箱子——箱盖、箱底可拼成桌面，再将四条饰有迴纹的方桌腿，从四边箱槽内抽出来，用铜鎏金暗扣固定住，箱子便变成了一张折叠式的炕桌了。[①]

据王世襄《明式家具研究》记载，明代北方使用炕桌吃饭已相当普遍，故炕桌在北方又有“饭桌”之称。炕桌形矮，又有一定宽度，贴近床沿或炕沿，两旁可坐，使用方便。所以满族人多使用炕桌就餐，以致自清宫廷所请“宴桌”即炕桌，多为自明传下来的有束腰齐牙条炕桌。按照满族人在炕桌就餐的习惯，乾隆的“箱桌两用制品”，也是可以当作饮食方面的器具来使用的。乾隆四十四年，乾隆在承德离宫吃饭时几乎天天用“折叠膳桌”则又为一个证明。[②]

---

① 无非：《乾隆时的一件箱桌两用制品》，载《故宫博物院院刊》，1981（1）。

②《哨鹿节次照常膳底档》。

推而广之，明清这股醉心于变化繁复器具的风气，也吹向了饮食器具的领域。许多名士都纷纷放下风雅身段，对一向不关注的饮食器具也倾注了像倾注于文房清玩那样的极大热情。他们笔录了山人田夫的日常饮食用具，对适合于社会风气的饮食器具加以规划、整理。大文学家屠隆为此付出了非常多的辛劳，他记录了明代出现的一些携带方便的饮食器具。

如山里人携以饮泉水用的“瘿瓢”，大不过四五寸，小者仅一半，若用水磨其中，布擦其外，光彩如漆，明亮照人，可以说水湿不变，尘污不染。

还有一种可以折合的“叠桌”，一张高一尺六寸，长三尺一寸，阔二尺四寸，作二面，折脚活法，展则成桌，叠则成匣，以便携带，席地用此叠桌，可供酬酢。

另有一种深大的“提炉”，高一尺八寸，阔一尺，长一尺二寸，作三撞，下层一格如方匣内，用铜造水火炉，身如匣方坐嵌匣内，中分二孔，左孔主火，置茶壶，以供茶，右孔注汤，置一桶子小锅，有盖，炖汤，中煮酒，长日午余，此锅可煮粥供客，仿凿小孔出灰进风。其壶、锅迥出炉格，上太露不

▲（明）柞榛木兽腿方足炕桌

雅，外作如下格方匣一格，但不底以罩之，使壶、锅不外见，一虚一实，共二格，上加一格置底，盖以装炭，总共三格，成一架，上可以关。①

这一“提炉”设计精巧，注意表面观感，虚实照应，具有很强的艺术性。但是，它毕竟是一单个的饮食器具。若将诸饮食器具结合一处，加以携带，那将更方便、实用。明清时期的“山游提盒”和“游山具”就是在这种背景下出现的杰构。由于它们都是便于携带的饮食器具，所以共同之点都是实用小巧。

明代的“山游提盒”高总一尺八寸，长一尺二

---

① 屠隆：《游具雅编·瓢、叠桌、提炉》。

▲（明）宣德花鸟纹雕漆三层提盒

▲（清）乾隆铜胎画珐琅“富贵万寿”图三层提盒

寸，入深一尺，或如小厨，为外体，以板闸住，作一小仓。内装酒杯六个，酒壶一把，筷子六双，劝杯二个。空作六合如方，盒底每格高一寸九分，有四格，每格装六只碟子，可以置茶殽，供酒觞。又二格，每格装四大碟，置鲑菜供馔筷外，总一门装卸，即可开销，远行宜提，甚轻便，足可以供六位宾客的需要。[①]

清代的“游山具”则是一式两个，一根柳木扁担挑起来。扁担前头，为“山具盒”，分上、中、下三层。上层放置一铜质茶器，一铜质酒器。茶器，中置筒，实填。下开风门，小颈环口修腹，通俗称呼为“茶鑵”。酒器，四旁开窦，放置“酒插”，故通俗称呼为“四眼井”。中层置放着锡胎填漆黑光面盆，上面刺着“卧云庵”三字。还有浓金填掩雕漆茶盘一个。下层为“椟”，放置四个铜酒插，一个瓷酒壶，一函铜火，一个铜洋罐，一个宜兴砂壶，一个烟盒。

扁担后头的“山具盒”，分上、中、下三层。上层放置八个秘色瓷盘；中层放置三十个瓷饮食台盘，

---

① 屠隆：《考槃余事》卷四。

十六双斑竹筷子，一个锡手炉，八个填漆黑光茶匙，八个果叉，一个锡茶器；下层放置一铜火锅，以煮“骨董羹”，旁边列四个小盘。[1]

综观“山游提盒”和“游山具”，特别是江增的“游山具”，可以看到，除饮食器具外，还附带着江增“卧云庵”五色笺，袖珍《诗韵》，砚台、墨、笔、五色聚头扇、毛巾、装捆柴的口袋，一取火石、一取火刀、两只火筷子、一紫竹箫、一布捆岩斑竹烟袋，一款待朋友饮酒之用名为“飘赍”的干瓠，还有供歇息的大小蒲团。这种器具的设计，以饮食为中心兼顾娱乐，可谓最充分考虑到人的饮食文化各方面的需求了。

不难发现，从“山游提盒”到“游山具”是一脉相承的，从中反映出两代饮食器具制作的风格——明重实用，清重精巧。它们可并称为明清“轻便饮食器具”的经典之作。尽管“山游提盒”和“游山具”，在很大程度上是明清文人追求游山玩水舒适而做，但是它们却开启了一代“轻便饮食器具”的时风。

---

① 李斗：《扬州画舫录》卷十二《桥东录》。

▶（清）徐扬 姑苏繁华图卷（局部）
携带便携食具出游的官员

正因如此，综合“山游提盒”和“游山具”之长，不仅考虑人远游休息之便，而且兼顾季节气候的融为一体的作品也出现了。如一种竹制的“轻便饮食器具”：

它二槅并底，四盖，食盘、碟子三四，每盘有十个果碟，一个可容数升酒的矮酒樽，以备沽酒的一匏杯，一个储干果、佳蔬数品、一点饼饵的三漆盒子。唯三食盘相重为一槅，其余分别各用。暑月也可备冷肴，鲜果，熏鱼，腊肉，不畏大暑的食物。一肩竹槅，二下为匮，上为虚槅，左槅上层书厢一纸笔、墨砚、剪刀、《韵略》杂书册，匮中食碗、碟、筷各六七，数种生果，亦要削果小刀，右槅上层琴，一竹匮贮放展摺棋局，一匮中棋子、茶碾二品，腊茶即碾熟者，盏托及盂匏等。

▶（清）罗福旼《饮马图》中的食盒（局部）

这种“轻便饮食器具”还附带杂物：小斧子、砟刀、劚药锄子、二蜡烛、柱杖、钉鞋靴、木屐、棕鞋、雨衣、油衫、箬笠、棕帽、伞笠、油披肩、食铫、虎子、急须子、油筒……[1]是适宜外出远游需用的。自明中叶以来，崇尚野游，追求华饰，已成风习。城市中“游山之舫，载妓之舟，鱼贯于绿波朱阁之间。丝竹讴舞，与市声相杂，凡上供锦绮、文具、花果、珍馐奇异之物，均有所增长”[2]。“至于寸竹片石，摩弄成物，动辄千文百缗，如陆子冈之玉，马小官之扇，赵良璧之锻，得者竞赛，咸不论钱，几成物妖。”[3]在这种氛围中，“轻便饮食器具”获得了迅速而又极大的发展。

其代表者为一种名为“攒盒”的“轻便饮食器具”。所谓“攒盒”，即在盒内分成不同形状的格子，将各种食物集中“攒”为一盒。其构造如《金瓶梅词话》中西门庆揭开仆人送来的“攒盒”，“里边攒就的八槅细巧果菜：一槅是糟鹅珍掌，一槅是一封书腊

---

① 陈元龙：《格致镜原》卷五一。

② 王锜：《寓圃杂记》卷五。

③ 顾炎武：《肇域志·江南·苏州府》。

▲（清）螺钿八宝葵花式攒盒　　▲（清）黑漆描金攒盒

肉丝，一槅是木樨银鱼酢，一槅是劈晒雏鸡脯翅儿，一槅鲜莲子儿，一槅是新核桃穰儿，一槅鲜荸荠，一槅银素儿葡萄酒”[1]。

《金瓶梅词话》第四十二回还有：元夕之夜，棋童儿和排军，抬着四个“攒盒”送到西门庆招待客人的食桌旁。可见也有大“攒盒”，显然是专门制作的。由于“攒盒”既可以被人携带外出游宴，又可以在较大的范围一块儿招待许多宾客享用饮食，适于

① 兰陵笑笑生：《金瓶梅词话》第二七回，人民文学出版社，1985年版。

▲（清）佚名 胤禛牡丹台观花行乐图
此图再现了胤禛携弘历与众官员观赏牡丹的情景

▲（清）贾全 登瀛州图（局部）
担挑大食盒的仆人去赶一盛宴

社会各阶层。所以，它很快被纳入了商业的轨道运行。据范濂说："攒盒"之始，止于士宦人家之用，后来则仆夫龟子，也都用它来游山宴饮了，因为"便矣"。于是，郡城内外设立了"装攒盒店"。[①]

到了清代，这种起于明代隆庆、滥于万历的"攒盒"，仍然畅行不衰。它作为"食盒"的一种，列入日常生活的百科全书之中。[②] 文士出游，仍使人挑着"攒盒"，"来到柳树下，将毡铺了"，再将"攒盒"打开，边吃着"攒盒"里面的食物边谈话。[③]

但"攒盒"的发展趋势是逐渐摒弃大的"攒盒"，过渡到"小品用攒盒"，而且是"以木漆架架高"，主要是"取其适观而已"。[④] 这种原"以染漆为之，外盛以木荚，今亦用漆，或以锡为之"的"攒盒"[⑤]，开始向小巧玲珑发展。它标志着一种俏丽精美的饮食器具的观念在清代的泛起。

---

① 范濂：《云间据目抄》卷二《记风俗》。

② 佚名：《重编留青新集》卷二四《器用类》。

③ 吴敬梓：《儒林外史》第一回，上海古籍出版社，1984年版。

④ 叶梦珠：《阅世编》卷九《宴会》。

⑤ 平步青：《霞外攟屑》卷十。

▲（清）乾隆木提盒

清代小说曾描述了这方面的场景。几位文士，使用了一种近似艺术品的“圆茶几”式的“攒盒”：“把茶几揭起了一层盖子，便是一镶成的攒盒，共有十二碟果菜，银杯象箸都镶在里面，十分精巧。”[①] 又有，沈复谈道，自己爱好小饮，但不喜多菜，便设计了一“攒盒”：

其盒用灰漆就，形状如梅花，底盖均起凹楞，盖上有柄如花蒂，放在案头，像一朵墨梅复置桌面。

① 陈森：《品花宝鉴》第九回，上海古籍出版社，1990年版。

盒中可以放六只二寸白瓷深碟，中置一只，外置五只，装菜于碟，如同“六色”。[①]

以上这两种小品似的“攒盒”，是出于个人玩物的目的而设计制作的。这就如同清中期宫廷里的花梨木酒膳挑盒一样：盒分五层，内盛梅花式银酒壶、匏镶银里酒杯、花梨木镶银里盘碟及乌木筷。当然它是充当招待宾客饮食的器具，不过它的使用范围因小巧而有限，真正能够普及开来具有广泛群众性的还是“攒盒”。

---

① 沈复：《浮生六记》卷二。

宜兴紫砂壶

自明中叶以后，宜兴紫砂壶在饮食器具家族中脱颖而出。大量文士的参与，中国传统绘画、书法、金石诸艺术被制壶艺人所借鉴，形成了独特的紫砂壶风格。其造型有僧帽、提梁卣、苦节君、扇面、方芦席、方诰、束腰、菱花、平肩、莲子、合菊、荷花、芝兰、竹节、橄榄、六方、冬瓜段、分蕉、蝉翼、柄云、索耳、番象鼻、天鸡、篆珥、鲨鱼皮……（吴骞:《桃溪客语》卷三）品种数以千计，是世界上任何一种壶体造型都不能与之比拟的。

紫砂壶是用江苏宜兴一种质地细腻、含铁量高的颗粒较粗的特殊陶土，经过精选、精炼，由手工操作精制成型，然后在一千多度的高温中烧成的，一般不上色釉，但坯体成型后，上面所雕的书画都需要用粉末着色，故宫博物院就有一乾隆款紫砂方壶是描金粉装饰的。由于它主要呈赤褐、淡黄或紫黑色，故称紫砂。

紫砂制器最早见于宋人诗词："小石冷泉留早味，紫泥新品泛春华。"[①]"喜共紫瓯吟且酌，羡君潇洒有余情。"[②]"香生玉尘，雪溅紫瓯圆。"[③]于此推测紫砂茶具远在北宋就有制作了，问题是缺乏具体实物加以佐证。根据史料，紫砂壶研究者们一般是以明代弘治、

---

① 梅尧臣：《宛陵先生集》卷十五《依韵和杜相公谢蔡君谟寄茶》。

② 欧阳修：《欧阳文忠全集》卷十二《和梅公仪尝茶》。

③ 米芾：《宝晋英光集》卷五《满庭芳》。

正德年间作为紫砂壶历史的创制成熟时期。此后，紫砂壶逐渐兴盛起来。

因为生活于明嘉靖时期的徐渭在吟咏虎丘春茗时，曾有“紫砂新罐买宜兴”的诗句。[①] 嘉靖中入国学的松江府人何良俊，在其著作中也有“宜兴茶壶藤扎当”的记录。[②] 考之松江为当时“商贾必由之地”[③]，为一货物集散中心，紫砂壶当为其中一种用藤条捆扎而远贩他方的商品云集此处，此为合乎规律的解释。因为“宜兴茶壶藤扎当”，是作为谚语比喻“风俗之薄”而流传的，这已表示紫砂壶在明中后期不是什么个别现象了。

从1966年起到1987年止，国内先后出土了从嘉靖中到崇祯初这一时间跨度的四把紫砂壶，也能够给予证明。这四把壶均属墓葬品，所有者是户、工部侍郎，宫中的太监，中、下层之人，他们命尽入土，也要带把紫砂壶，可见紫砂壶在社会各阶层已享有独特的魅力。

---

① 徐渭：《徐文长三集》卷七《某伯子惠虎丘茗谢之》。
② 何良俊：《四友斋丛说》卷三十五《正俗·二》。
③《正德松江府志》卷九《镇市》。

▲（清）佚名 卖宜兴壶 外销画

▲（清）乾隆宜兴窑紫砂绿地描金瓜棱壶

▲（清）雍正宜兴窑紫砂黑漆描金彩绘方壶

在紫砂壶未盛行前，茶壶以瓷壶为最好。但当紫砂壶问世之后，它便和百姓日常所不可缺少的酒、水坛、风炉、盆盎等并列在商店中[①]，大有取代瓷茶壶之势，这无非是因为紫砂壶有着瓷壶等饮茶器具所不具备的优点。

清代小说家就曾以惊讶的态度记述过宜兴紫砂壶的一大优异功能："泡茶时放茶叶也好，不放茶叶也好，冲一壶开水下去，就是绝好的茶，颜色也是淡绿的。我因不信，把茶叶倒了，另放开水下去，果然一点不错，是绝好的好茶，你说奇不奇？"[②]这是因为：

其一，紫砂成品由于表里均不挂釉，陶胎本身具有2%的吸水率和5%的气孔率，因此紫砂壶泡茶不失原味，色、香、味俱佳，使茶叶越发醇郁芳沁。

其二，人们通常认为，紫泥的收缩率约为10%，可塑性好，烧成范围宽，产品不易变形，故壶经久耐用，即使空壶以沸水注入，也有茶味。

其三，耐热性能好，冬天沸水注入，不会炸

① 张岱：《陶庵梦忆》卷七《愚公谷》。

② 陈森：《品花宝鉴》第二九回，上海古籍出版社，1990年版。

裂；壶还可置“文火”上煮茶，不易烧裂，冷热急变性好。

其四，壶经久耐用，“涤拭日加，自发暗然之光，入手可鉴”[①]愈益明亮美观。

其五，茶叶不易霉馊变质。

其六，砂壶传热缓慢，使用提携不烫手。

其七，紫砂泥色多变，耐人寻味。

所有这些优点，[②]无疑是紫砂壶博得饮茶者赏识的重要因素。但是，紫砂壶的兴盛也有着相当重要的艺术方面的因素。明清时期爱好清玩的风气，使人们对唇齿之间的啜饮，也要上升到一个可以引起无限美好遐思和爱不释手的观赏形象的境界。更兼有许多具有艺术创造天赋的艺人，投身到紫砂壶的制作中来，创制出了一把又一把堪称“神品”的紫砂壶，使紫砂壶在纷呈的技艺之林牢牢地占住了一席不可替代之位。有人将制作紫砂壶归为“艺能”之类[③]，原因也就

---

① 周高起：《阳羡茗壶系》，《江阴丛书》。

② 紫砂壶七点好处，是笔者据中国陶瓷史对紫砂壶评价，兼及其他之说归纳而成。

③ 钱泳在《履园丛话》中将“制砂壶”归入“艺能”类。

▲（清）龚春所制龙蛋（珽）壶

在于此。

较为人们推崇的紫砂壶作品有：

明正德年间的宜兴人龚春，又作供春者。他潜心钻研，追求极致。制作的壶，四周圆正，作栗色，式样有龙蛋、印方等式，极古秀可爱。有人专重他制的小壶，一壶竟用数十年[1]，世称“供春壶”。当时名流不惜重金购买，引得文人作诗称赞道：“仲轼龚春壶，两世精神在。非泥亦非沙，所结但光怪。应有神主之，兵火不能坏。质地一瓦缶，何以配鼎鼐？跻之

① 周澍：《台阳百泳注》，转引自《阳羡名陶录》。

三代前，意色略不愧。当日示荆溪，仆仆必下拜。”[①]

又有明万历年间宜兴人时大彬，制壶不求妍媚，讲究雅朴，经常以技艺和士大夫来往，引起上层社会的重视，认为他所制的茶壶比供春制的更精工，因此价值更贵，可以与金玉相比，地位与商彝周鼎并论。他制的壶盖一经合上，随手拈盖提起时，壶身不会坠落。盖与口合如胶漆，不能开。摇之，中有水声，斟之无点滴，数十年如一日。[②]这一制壶技艺，被奉为以盖验试壶制之妙的圭臬。

南京博物院所藏的“大彬款提梁紫砂壶”，便是能够体现这一特色的典范之作。梁、嘴与壶身虽是镶接而成，但看不出钻塞的痕迹，浑然与壶身成一体。提梁与壶身衔接处，作者处理得比整个提梁宽扁而厚实些，仿佛根植于壶的肩部，更增加了提梁的稳定性。壶身短颈上的压盖，做得工整规矩，准确紧凑，几乎是短颈的延伸，很难分开。[③]技艺整齐清雅

---

① 《张岱诗文集》卷二《龚春壶为诸仲轼作》。

② 李斗：《扬州名胜录》，《小方壶斋舆地丛钞》第六帙。

③ 铢庵：《人物风俗制度丛谈·宜兴壶》。

如此，难怪时大彬壶“为赏家清玩”[①]，饮茶退而其次。

清代的紫砂壶制作，则又别出一段烟波。清初宜兴的陈鸣远，以制瓜果式壶见长[②]，形制精妙。但也有其他样式的精品，有人曾见陈鸣远手制茶具不下数十种，如梅根笔架之类[③]。宜兴县文物陈列室还藏有陈鸣远制作的一把四方小轿型壶，显示了他具有制壶

▲（明）宜兴窑时大彬款紫砂雕漆四方壶

① 宋伯胤：《大彬款提梁紫砂壶》，载《国宝大观》，上海文化出版社，1990年版。

② 唐秉钧：《文房肆考图说》卷三。

③ 徐康：《前尘梦影录》卷下。

技艺的多方面成就。尤为他在壶上所雕的款识，雅致劲健，颇具晋唐书法之风[①]，推为绝作。有人把这归结为陈鸣远挟艺远游四方，足迹所到，胜流巨族，竞相延结，[②]他的技艺受文化高士影响，所以他的壶给人以“观止之叹”[③]。

清嘉庆年间宜兴人杨彭年，亦可称为制壶一绝。他创有“捏嘴”，不用模子制造，随意制成，有天然之趣。所制壶嘴，能不淋茶汁。壶盖转紧后，拈盖而壶身不落。有号“曼生”的陈鸿寿在宜兴当官时，为他所住的居室题为“阿曼陀室”，并画了十八种壶式给他。壶上的铭题，大都是陈的仃属所作，也有陈自己作的。杨所刻款字的特点，是乘泥半干时用竹刀刻成后上火，如遇到双款的，还请陈的幕友中精于镌刻的人加意刻成。一把寻常砂壶，售价二百四十文，加工制作的要价高三倍。[④]但仍为鉴赏家珍惜，世称“曼壶”。

---

① 张燕昌：《阳羡陶说》。
② 阮升基：《宜兴县旧志》卷十一。
③ 吴骞：《桃溪客语》卷三。
④ 寂园叟：《陶雅》，《寂园丛书》。

▲（清）彭年制曼生铭仿古井栏壶

1977年，上海金山县松隐公社出土了一把清代墓葬中的陈曼生自铭紫砂竹节壶。此壶通高8.8厘米，腹高6.5厘米，腹径12.2厘米，嘴长3厘米，錾宽3.7厘米。通体紫里透红，但紫而不姹，红而不嫣，呈色和谐而透贴。壶造型取之于竹，但壶嘴、壶腹、壶錾、壶纽虽竹犹异。壶嘴刚直遒劲，壶錾曲而柔，壶身稳重而挺拔。壶盖与壶腹合口严密。壶腹阴刻“单吴生作羊豆用享”金文八字，署“曼生”楷书阴文款。壶盖内钤阳文篆书“万泉”二字。壶嘴、錾、纽与壶体连接处均以浮雕竹叶点缀。整体造型庄重，纹饰清晰流畅，浮雕精细入微，给人以妙若天成的感觉。[1]

我们从以上的紫砂壶巡观，仿佛看到了明清两代紫砂壶艺人流派相承、求索不懈的踪迹。那巧妙的构思，精湛的捏塑，细致的雕工……都在他们的腕下驱使自如，出神入化，使人每当面对紫砂壶时忘却了啜茗，不禁击节赞赏。他们依仗着达官贵人的支持，集合了雅士骚客的文才，将书画、诗词、篆刻、雕塑、金石等姊妹艺术，水乳交融般汇为一体，终于成就了独特的紫砂壶造型设计体系，甚至将紫砂壶的制作提高到一个崭新的艺术哲学的高度。

如清嘉庆、道光年间邵大亨所作的“束竹八卦纹紫砂壶”，是在壶盖上贴出微凸的伏羲八卦方位图，盖纽也做成一个太极图式，壶把与壶嘴则饰以飞龙形象，再加上选用六十四根竹子做成壶身，壶身之外又用三十二根小竹为底足。将《易经》中一分为二，再分为万象万物，以及殊途同归的哲理观念，在紫砂壶的结构上表现出来，这样的制作是对中国饮食器具的

---

① 王正书：《从出土文物谈陈曼生和他的“曼生壶”》，载《文物》，1985（12）。

▲（清）曼生壶式示意图

历史一个空前的独特提升。[1]

从紫砂壶的本质上说，它是一件满足人们饮茶需要的器皿，工雅精丽的形体，妙不可言的变异……都是为了最大限度勾起人们啜茗的情绪。像收藏家姚世英收藏的三把微型紫砂壶——三把小壶可同放在一包

① 宋伯胤：《束竹八卦纹紫砂壶》，见《国宝大观本》。

火柴盒大小的平面上，一叫“玉乳”，是清康熙、雍正年间的作品，制作纤巧，造型优美，壶底刻有“逸公”行书划款；二叫“丹果”，此系雍正、乾隆年间作品，玲珑剔透，隽雅秀丽，壶底钤有“锦春”阳文楷书长方小印；三叫“黄团”，此乃嘉庆、道光年间作品，制作深厚，造型古朴，壶盖外唇署有“大亨”楷书划款。[①]

这些茗壶小品，造型规整，实是大壶的缩本，每一把都是壶盖吻缝，捻转自如，壶口通顺，倾注茶水流畅。它们充分体现了明人倡导的紫砂壶“以小为贵”的风尚。紫砂壶的发展历史告诉我们：“壶小则香不涣散，味不耽搁，况茶中香味不先不后，只有一时，太早则未足，太迟则已过，见得恰好一泻而尽。”[②] 当然，这并非绝对，在紫砂壶长长的队伍中，也常常发现矫首昂视的魁梧大汉，但是大多数还是亭亭玉立的苗条少女。

紫砂壶的形体千变万化、繁如群花，可紫砂壶

---

① 张海国：《姚世英的紫砂藏品》，载《新民晚报》，1992-05-12（6）。

② 冯可宾：《岕茶笺》，《重订欣赏编》。

▲（清）道光瞿子冶制刻竹紫砂壶

▲（清）水平小壶

的嘴却大都是直而短的，这是因为："茶则有体之物也，星星之叶，入水即成大片，斟泻之时，纤毫入嘴，则塞而不流。啜茗快事，斟之不出，不觉闷人，直则保无是患矣。"[1] 目的是使人们在饮茶时获得最大的满足。

故我们看到传世的明清紫砂壶大都具有嘴直而短的特征，这就是在形态上将视觉的美感与其实用价值糅合在一起设计的，这也是紫砂壶成为饮食器具中佼佼者的一个重要的原因吧。

① 李渔：《闲情偶寄》十一卷《器玩部·茶具》。

木、竹、葫芦、漆、锡器具

明清时期的木、竹、葫芦、漆、锡等饮食器具的使用，更为广泛，并有许多精美绝伦之作。如有人曾在琉璃厂购得髹漆木碗一器，面径七寸有奇，底口坦平，周身作连环方胜纹，雕镂工细，作深赤色，碗底有“沆瀣同瓯”四正书阳文，浓金填抹，古色缤纷（倪鸿：《桐阴清话》卷二），堪称一绝。

木

中国的木制家具发展到了15世纪至17世纪时，达到了它的历史最高峰，由于其制作年代历明入清，不受朝代的割裂，故一般称为“明式家具”[①]。而“明式家具”中的餐桌，作为明清的木制实用器具，做到了造型优美与最大限度满足人的使用要求有机结合，达到了那个时代，也是世界上餐桌制作的最高水平。

首先，餐桌的选材都非常华贵。如范濂所记：“凡床厨几桌，皆用花梨、瘿木、乌木、相思木与黄杨木，极其贵巧。”[②]以范濂说“花梨木”为例，其木色红紫，肌理细腻，上有花纹，成山水、人物、鸟兽形状，所以又名为“花梨影木”[③]。木材上的清晰纹

① 杨耀：《明式家具研究》，中国建筑出版社，1986年版。

② 范濂：《云间据目抄》卷二《记风俗》。

③ 谷应泰：《博物要览》卷十《志木》。

▲（明）黄花梨半桌

▲（明）黄花梨螭纹方桌

▲（明）黄花梨酒桌

▲（明）黄花梨木与绿石插肩榫酒桌

理，给餐桌成功的制作提供了天然的保障。从传世的明清餐桌来看，很少施用髹漆，仅仅擦上透明的蜡即可充分显示光腻如镜，色泽柔和典雅的视觉效果。

其次，造型美观。像“黄花梨花鸟纹半桌”，它上部作矮桌式样，束腰做成蕉叶边，起伏卷折，似水生波，有流动之致。正面雕双凤朝阳，云朵映带，宛如明锦；侧面折枝花鸟，有万历彩瓷意趣。牙子以下安龙形角牙，回首上觑，大有神采。足内安灵芝纹霸王枨，填补了角牙内露出的空白。此下圆足光素，着地处用鼓墩结束，上下繁文素质，对比分明。整体比例匀称，花纹生动，造型极其优美。[①]

最后，实用性强。仍以“黄花梨花鸟纹半桌”为例，它一别名为“接桌”。其名由来是在吃饭用一张“半桌”不够时，用两张较小的“半桌”相接，像明清孔府中所用的餐桌，常常是由两张相同规格的长方桌即“半桌”合成一个大方桌，以便铺陈肴品。“黄花梨花鸟纹半桌”桌面边缘还多高起一线，这是从前代流传下来的，唤作“拦水线”，主要是为了防止

---

① 王世襄：《明式家具的“品”》，载《文物》，1980（4）。

▲（清）佚名 雍正十二美人图（局部）
图中美人所倚木桌各具特色

有清音

酒、水、菜汁，流沾食者的衣衫。

明清人们使用较多的是“方桌”，又唤为“八仙桌”。起初，“须取极方大古朴，列坐可十数人者，以供展玩书画。若近制八仙等式，仅可供宴桌，非雅器也”[①]。“方桌”平面往往采用攒边做法，匠师把心板嵌入用四十五度的格角榫并做有通槽的边框之内。这样，边框与整个餐桌的结构便可牢固地结合，而中央的心板却有了伸缩的余地，可以避免因空气干湿度变化而造成板面的胀裂。[②]这样就使人在使用餐桌时触感平整、安全。

“方桌”还可多用。有时人们为突出“团桌不分上下”，便在宴集间，“抬了一张圆桌面子，摆在八仙桌上，摆了十二张椅座，十二双杯筷，摆好围碟，烫了两自斟壶百花酒”，再请众人入席。[③]

“方桌”也有小巧的。有的贵族之家，在吃茶后，“抬了一张八仙倭漆桌来，就是一副螺甸彩漆手盒，

---

① 文震亨：《长物志》卷六《方桌》。

② 中央工艺美术学院：《中国工艺美术简史》第三章，人民美术出版社，1983 年版。

③ 邗上蒙人：《风月梦》第七回，齐鲁书社，1980 年版。

内有二十四器随方就圆的定窑瓷碟儿，俱是稀奇素果，橄榄凫菰，蘋婆葡萄，栾片香橙，山珍海错下酒之物，两副金寿字杯儿，一只银壶”。[①]

由于“方桌”具有实用性强的特点，所以清宫饮食器具中多将它排在首位。此外，还有条桌、策桌、红油桌、红油高桌、奠桌、一字桌等，各有各的用处。皇家还将餐桌加以装饰，如皇帝进膳用桌，皆罩以黄龙中袱，用黄绒绳兜住桌子的四条腿，舁之[②]。在“御膳”档案中，这唤作“有帏子膳桌”。[③]

17世纪，在日本的长崎，也出现了从中国传去的类似“膳桌”，它被日本称为“桌袱”，高三尺有余，幅四尺，涂着朱漆，边缘嵌着斑竹，四隅是狮子型的腿，周围垂挂红白纱绫，桌下置有盛剩饭菜，叫作“渣斗”的容器。[④]这种饮食器具可以反映出中国“明式家具”中的餐桌在日本饮食生活中的影响。

---

① 丁耀亢:《续金瓶梅》卷四《游戒品》第二十回。

② 福格:《听雨丛谈》卷十二《膳桌膳合》。

③《哨鹿节次照常膳底档》。

④ 田中静一:《中国饮食传入日本史》，黑龙江人民出版社，1991年版。

◀（明）嘉靖剔彩龙凤戏珠纹渣斗

▲（清）同治年间渣斗图

◀（清）犀角雕清江泛舟图杯

在明清，除餐桌用于饮食生活外，还有存放稻麦粮食的木制“谷匣”，它为方木层状，是用四叶木板相嵌成方的，大小不等，高下随宜。下底足叠罗数层，上作顶盖，储米于内。可置屋室，也可置于露天，可以移顿，可以增减，既可避免雀鼠的啄耗，也能避潮湿，为储备粮食的理想构造。[①]

明清还有不少精巧的木制饮食器具，如明代的孟仁父就擅用紫檀木仿古式刻为杯、斝、樽、彝等，并在上面嵌金银丝，加刻铭文。他曾为人制过两只紫檀木酒斗，上雕《陶渊明赏菊图》，并用银丝嵌出“渊明赏菊”四个篆字，又嵌出“松化石”和“苏晋长斋绣佛前，醉中往往爱逃禅”等篆字，底部还刻上“孟仁父制”的字章。这种酒斗引得他人争相仿效。[②]

清代出现了大小十个一副的小“套杯”的制作样式。[③]更令人叫绝的是清宫内的一套木酒杯，二十四个，由大到小，高二寸，镟木作成，质黄色有木理，

---

① 鄂尔泰：《授时通考》卷五七《蓄聚·图式》。

② 叶恭绰：《遐庵谈艺录》。

③ 顾张思：《土风录》卷五《套杯》。

薄如纸，柔软而轻，嘘气就可飞动，但能注酒。[①]

清代还有饮酒用的黄杨根整抠的十个大套杯，“那大的足似个小盆子，第十个极小的还有手里的杯子两个大；喜的是雕镂奇艳，一色山水树木人物，并有草字以及图印”[②]。具有很强的艺术欣赏性。

竹

“竹器”，在明代日用百科全书中占有一席之地。它们是刷帚、淘箩、粉箩、细筛、簸箕、菜篮、竹筷等[③]，也有浙江嘉兴严望云用竹根制成的作荷叶形状、旁雕蟹和莲房那样的竹杯。[④]

明代竹器制作最为出名者当属南京的濮仲谦，大家都想得到他亲手制的竹器，所以他所做的一帚一刷的小竹器，都能卖到很好的价钱，南京三山街一带靠贩卖濮仲谦制作的竹器获厚利的就有数十人。濮自认

---

① 高士奇：《杂记》，民国间上海文瑞楼。

② 曹雪芹、高鹗：《红楼梦》第四一回，人民文学出版社，1982年版。

③ 陆嘘云：《新刻徽郡原板诸书直音世事通考》下卷《竹器类》。

④ 张廷济：《清仪阁所藏古器文物》；《玉说荟刊》。

为最得意的是用天然盘根错节的竹子制成的器具。[①] 北京故宫博物院藏有的濮仲谦竹根雕松树小壶，枝叶曲屈自如，刀法精熟，就是他天然竹根制品的代表作。

在清代，人们利用地利之便制作出许多竹饮食器具。像广东西部，人们就是利用那里生长的一种洁如象牙的竹子做筷子用。[②] 而在边远的云南，由于缺铁，人们便将大竹截断，作盛米器，炽火烧煨，竹焦饭熟，非常香美。[③] 四川保宁、巴州等地产竹，竹根大如瓮，人们便取其根做成像兕觥的酒注，用它饮酒还有股清芬气息。[④]

更为普遍的则是竹制的饭箩、筅帚等。清代吴江县的姚家湾、宋家浜的居民，无论男女，全以制竹饭箩、竹筅帚为业，他们近在小镇，远至大城，四处变卖这些"竹器"取利。[⑤] 类似这些竹饮食器具，还有

---

① 郑元勋:《媚幽阁文娱》，载《中国文学珍本丛书》第一辑。
② 陈鼎:《竹谱·筷竹》。
③ 释同揆:《洱海丛谈》;《小方壶斋舆地丛钞》第七帙。
④ 陈鼎:《竹谱·酒注竹》。
⑤《嘉庆同里志》卷七《物产》。

▲（清）佚名 卖筛子簸箕 外销画

方型能装五斗米的大竹筐；有圆而长能装五升米，用于店舍的竹筥；有比竹箩稍扁而小、造酒、造饭时用它来漉米，又可盛食物的竹箄；有用来采取蔬果等食物便于手提的竹篮。[1]

清代的人们也注意将艺术性与实用性融合在竹器上。清初云南的武恬，就根据云南所出的细竹很多、中心坚实、可制食筷这一特点，用烧红的“铁笔”在竹筷上烫出禽兽、鱼鸟、山水、人物、城门、楼阁等，精细得疑夺鬼工。武恬曾在竹筷上作《凌烟阁功臣图》，凡旌旗铠仗，侍从卫列，无不具备；又作《瀛洲十八学士图》，须眉意态，衣褶剑履，细得像粟粒一般。所以武恬制作的一束竹筷，竟值数两白金。许多官吏显贵，都用“武筷”为礼品，甚至远馈京师。[2]高等望族更是看重雅致的竹器，饮茶也用“一只九曲十杯一百二十节蟠虬整雕竹根”的大杯。[3]

---

① 鄂尔泰:《授时通考》卷五七《蓄聚・图式》。

② 王士祯:《池北偶谈》卷十六《谈艺》。

③ 曹雪芹、高鹗:《红楼梦》第四一回，人民文学出版社，1982年版。

葫芦

明清饮食器具对历史最突出的贡献是“葫芦器具”的制作。目前，尚无确凿史料证明，在明清以前有“葫芦器具”，所谓日本流传的“唐八臣瓢”的制作年代，尚待考定。文献所披露的“葫芦器具”的最早制作，是从明代开始的。那是谢肇淛在市场戏剧演出中见到的：

葫芦器有方形的，还有上面字迹凸起成为一首诗的。谢肇淛认为这是葫芦生时用板夹长成的，不值得奇怪。[1]这表明明代的“葫芦器具”已采取了“范制”法，即在葫芦生后，造器模包在外面，渐长渐满，遂成器形。这种用器模限制葫芦生长成器的制作，可以有杯、盘、碗，无所不为，当然是没有什么可奇怪的了。

正像清人用诗吟咏并注释的那样：“瓠芦秋老结深青，花合方圆各异彩。款识精镌题御玩，旊陶而外有新铭。”“园御旷地，偏植瓠芦。当结实之初，斫木

---

① 谢肇淛：《五杂俎》卷十《物部·二》。

▲（清）佚名 卖瓢 外销画

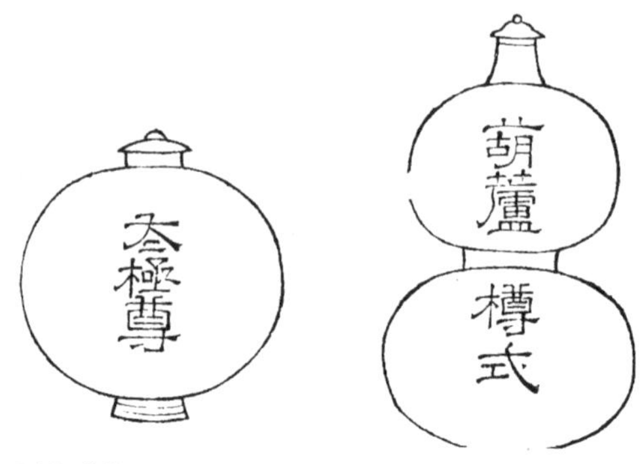

▲（明）酒葫芦图

成范，其形或为瓶，或为盘，或为盂，镌以文字及各种花纹，纳瓠芦于其中。及成熟时，各随其范之方圆大小，自为一器，奇丽精巧，能夺天工，款识隆起，宛若砖文。乾隆间所制者，尤为朴雅。此御府文房之绝品也。”①

“葫芦器具”另一种制法是待成熟后的葫芦再进行加工制作，尽改葫芦原有的形态。在这方面，明崇祯年间的浙江嘉兴人巢鸣盛可为代表。他在住居四周，种上了大小十多种葫芦，他自己所用的各色

① 钱唐九钟主人：《清宫词八十四首》，《清宫词》，北京古籍出版社，1984年版。

器具，大部分用葫芦制成，据说“匏尊”是巢鸣盛创始的。[①]

但有早于巢鸣盛的“葫芦酒樽”，也可提供这方面的证明，使我们比较确切地看到了这种“匏尊”的精巧技艺。

明万历年间的“葫芦酒樽”，用“大小二匏”做成，“中腰以竹木旋带为榫，上下相连，坚以布漆，顶开一孔，如上式。但不用足，口上开一小孔，并盖子口，透穿横插铜销，用小销闭之”。另一扁形的“太极尊”酒葫芦，上凿一孔，以竹木旋口，粘以竹足，竖在漆布内，用生漆灌之，共二次，酒贮不朽，而且可免沁湮。这样的葫芦酒具既卫生，又轻巧，自然被图形绘影，载入书籍，向世人推荐。[②]

清代的葫芦器具，顺着明代实用、艺术并重的路子发展下去。乾隆年间“御膳房”所用的饮食器具中，就有一个半边黑漆葫芦和一个完整的黑漆葫芦。半边黑漆葫芦内盛六件银碗；完整的黑漆葫芦，

---

① 邓之诚：《骨董琐记》卷五《匏尊》。
② 屠隆：《游具雅编》；《学海类编》。

▲（清）扬州酒肆葫芦幌子

则内盛二件皮七寸碗，二件皮五寸碗，十件银镶生皮茶碗，一件银镶里五寸五分皮碗，九件银镶里磬口三寸六分皮碗，二十二件银镶三寸皮碗，十件银镶生皮碟，六件银镶里皮套杯，十件皮三寸五分碟。[1]

▲（清）葫芦形烧酒幌子

数量如此之多，黑漆葫芦器具的容量之大之坚固，不难想见。这种葫芦器具多以皮为胎，俗称“皮葫芦”，属贵州制作最精良，它举不盈斤，陈则满席，馔具无不具备，旅行使用方便。[2]它在道光年间大量制作，现藏

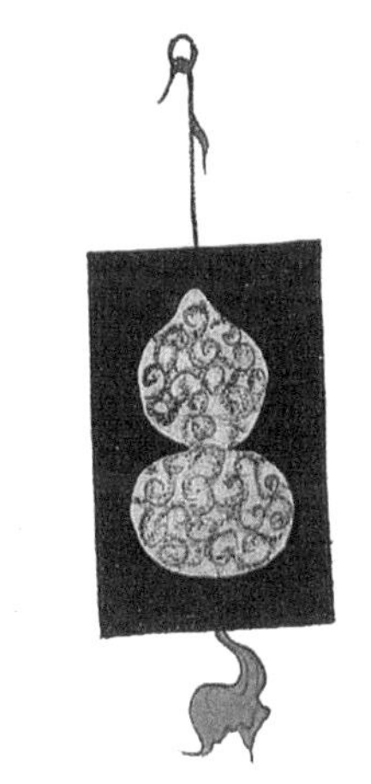

▲（清）葫芦形米醋

①《御膳房金银玉器底档》，乾隆二十一年十月立。

② 檀萃：《楚庭稗珠录·黔囊·黔工》。

北京故宫博物院的一件皮胎描金葫芦，就是在道光年间入贡的。它朱地描金，中间是竖直线剖为两半，内装有杯、盘、碗、碟、筷等，可供十人进餐。

这只是葫芦器具实用的一面。葫芦器具艺术的一面，可从碗、盘这样平面式的葫芦饮食器具去欣赏。平面式葫芦饮食器具的产生，是因为葫芦形圆而中空，只能从中割取一部分（主要是底部）制器，这样就使葫芦的内壁袒露出来了，为使它既能使用，又要雅观，需将这一面或加工，或涂漆，加以美化。这种加工制作的平面式葫芦饮食器具，兼有实用、审美双重功效。[①]

像足底有“康熙赏玩”题款的六瓣葫芦碗，每瓣皆作如意形，侧面有云纹。黑漆里，绘金折枝牡丹。像足内有楷书“康熙赏玩”款的回纹兜口葫芦碗，足上模印回纹，碗身有戏珠龙四躯，流云环绕。像足内黑漆，有金书“乾隆年制”题款的长圆形葫芦盘，边分十四瓣，每瓣上模印折枝花一朵。盘内朱漆地，绘描金色葫芦花纹。类似这样的葫芦艺术饮食器具有很

① 孟昭连：《中国鸣虫与葫芦·葫芦篇》。

多，如锦英含瑞金花碗、壶洲挹秀葫芦把碗。[1]

康熙、乾隆时期葫芦饮食器具——盘、碗的制作，均完美体现了实用、审美并重的规范，它对以后的葫芦饮食器具的影响是很大的。有人曾看到清后期的一个精妙绝伦的果盒：其盒盖与底各一葫芦，内外同色，但不见其瓤，也无合缝处，上下门榫，浑然天成，毫无枘凿。这种质轻、年久不裂的葫芦果盒，是由一号称“梁葫芦”的梁太监制作的。[2]他能制出“大如斗”的葫芦果盒，显然得益于自康熙年间就兴盛非常的，范制供皇室赏用的葫芦饮食器具的手法。

雕漆器具

雕漆饮食器具，在明代已成较流行的饮食器具的品种。清代则有江、浙、闽、粤、黔雕漆饮食器具，形成不同流派。

相形之下，明代雕漆饮食器具，最早集中制作地为永乐年间宫廷在京城设立的专制雕漆器具的“果园

---

① 《国朝宫史》卷十八《经费·二》。

② 无名氏：《蜨階外史》卷四。

厂”。其式用金、银、锡、木为胎，有剔红、填漆两种，所制盘盒不一，剔红盒有蔗段、蒸饼、河西、三撞、两撞等式。蔗段人物为上，蒸饼花草为次。盘有圆、方、八角、绦环、四角、牡丹瓣等式，匣有长方、两撞、三撞等式。其法，朱漆三十六次，镂以细锦，底漆黑亮，针刻“大明永乐年制”。①

清代的雕漆饮食器具，则从北京扩展到地方，民间纷纷成立雕漆饮食器具手工作坊。如江苏扬州的一夏漆工，使用金、银、铁、木为漆器内胎，专门制作蔗段、三撞、两撞诸式的盒，方、圆、八角、绦环、四角牡丹花瓣诸式的盘，长方、两撞、三撞诸式的匣。夏漆工就是靠着制作主要用于饮食生活的雕漆器具富起来的。②

清代漆器制作还出现了像贵州乌蒙的大方那样的雕漆器具制作专业区域。此地所制漆器以造型巧妙奇特著称。如描金方形捧盒，盒内有七个无盖小盒子，形状大小不一，恰好能套装在捧盒内，丝丝入扣，缝

---

① 高士奇：《金鳌退食笔记》卷下《果园厂》。
② 李斗：《扬州画舫录》卷九《小秦淮录》。

口密合。道光年间，大方的漆器作坊已遍及县城，从业工匠已达千余人，有“漆城”之称。1826年前后，大方漆工所作的“满汉全席餐具”已进京贡奉。[①]

这种情况，在明代尚未出现，表明明代的雕漆饮食器具的制作尚不够普遍。不过明代皇室对雕漆饮食器具却是非常喜爱的，为了满足这一欲望，有一朝皇帝特从素有制漆器传统的云南招来一位精于制作的漆器艺人，拘入“果园厂”内，使他辛劳至死而未能还乡归骨。[②]从这一侧面折射出明皇室对雕漆饮食器具的钟爱。

雕漆饮食器具之所以在明清的朝廷与民间得到青睐，无非因为它具有抗热、耐酸、耐碱、耐潮、耐磨等天然特性，它坚实异常，可经久延年。[③]像福建永春县的漆篮，最大的格篮高一尺四寸，连底一共分成四层，每层可放五只碗。制作紧密，层与层之间衔接无缝，即使盛放流质食物，也不易外溢。通常家庭日

---

① 兰一方：《明清之际大方漆器考》，载《故宫博物院院刊》，1992（3）。

② 徐树丕：《识小录》卷一《雕漆》。

③ 李一之：《中国雕漆简史》，轻工业出版社，1989年版。

學士
世登兩府
成造金銀首

◀（明）仇英 清明上河图（局部）
描金漆器店

◀（清）雍正黑漆描金百寿字纹碗

◀（清）雍正黑漆描金双凤纹碗

用漆器有“金朵堆花”的漆篮，轻便、美观、耐用，一般能用六七十年不坏。[1]清初安徽歙县程以藩所制的漆器，就是器无巨细，膝理坚韧，至能载人其上，而不摧裂。[2]

从艺术角度看，漆器不单用朱、用胎精美，而且款文尤其出色，底刻“永乐年制”，用针刻，填上黑

① 钱定一：《中国民间美术艺人志》二。

② 黄质：《四巧工传》；《中华历代笔记全集》。

漆；“宣德年制”，用刀刻，填上金屑，这是宋元时代所没有的。[1]

明清遗留下来的许多雕漆饮食器具，还闪射出了动人的艺术格调。如明永乐年间的“剔红牡丹纹盘”，盘中牡丹盛开，花心是四方花绵纹，花瓣向外张开，牡丹枝叶，相互掩照；穿枝过梗，叶下有枝，枝下藏花压叶，密布全盘。枝叶的空疏间地透出黄素漆地，整个图案不露雕刻痕迹，花本、枝梗处理得光滑圆润，宛若天成。

所以，明代皇帝就将雕漆饮食器具作为贵重礼品赠给异邦。明永乐二年（1404）五月，明政府派遣赵

▲（明）永乐剔红花卉纹盖碗

① 董其昌：《筠轩清閟录》卷中《论雕刻》。

明任去日本，在带去的礼物中就有为数不少的雕漆饮食器具——雕漆盒三个，盘十四个，雕漆香碟二副，桌器二桌，每桌碟十六个，碗五个[①]。清帝则更是经常将木漆碗、漆碟等雕漆饮食器具赐予来华访问的外国使臣。[②]

在国内，雕漆饮食器具的使用也比较多，特别是在贵族之家。像明代严嵩家仅雕漆盘、盒就有二百三十个，雕漆描金盘、盒达五百三十一个，漆筷有九千五百一十双之多。[③]明代小说《金瓶梅词话》与清代小说《红楼梦》，则为我们展示了一幅幅雕漆饮食器具使用的形象场景。

《金瓶梅词话》第十三回：李瓶儿让丫环拿"雕漆茶盅"泡茶给西门庆喝。第三十五回：西门庆家的棋童儿用"云南玛瑙雕漆方盘"端茶招待客人。第六十七回：西门庆的画童用"彩漆方盒、银厢雕漆茶盅"，盛放酥油白糖熬的牛奶……

---

① 木宫泰彦：《日中文化交流史·明清篇》第一章，商务印书馆，1978年版。

②《大清会典事例》五百零七卷《礼部·赐予》二。

③ 佚名：《天水冰山录》；《知不足斋丛书》。

《红楼梦》第五回、第四十一回、第五十三回、第六十二回、第九十二回均出现了“填漆茶盘”“海棠式雕漆填盒‘云龙献寿’的小茶盘”“小洋漆茶盘”“小连环洋漆茶盘”“黑漆茶盘”……

《金瓶梅词话》与《红楼梦》中品种繁复的雕漆饮食器具，是明清时期的雕漆饮食器具的真实写照。明代典籍中就有为数不少的雕漆饮食器具品种，如果盒、馔盒、酒箱、食箱、茶盘、漆碗、食箩、食盒、漆盘、雕漆杯……可以与此相互印证。[1]

锡器具

锡饮食器具在明清有着广泛的应用。较为突出的是锡壶，在明代就有“以青布袜锡作器用，久则起橘皮纹，嘉兴黄锡”[2]较为著名。有人认为“宜兴砂壶”和“锡壶”，价值轻重相等，“一砂罐一锡注，直跻之商彝周鼎，而无惭色，则是其品地也”[3]。也有人说时大彬的砂壶，举其盖能翕起全壶，黄元吉的锡壶也

① 陆嘘云：《新刻徽郡原板诸书直音世事通考》下卷《漆器》。
② 杨复吉：《梦阑琐笔》，《昭代丛书癸集萃编》。
③ 张岱：《陶庵梦忆》卷二《砂罐锡》。

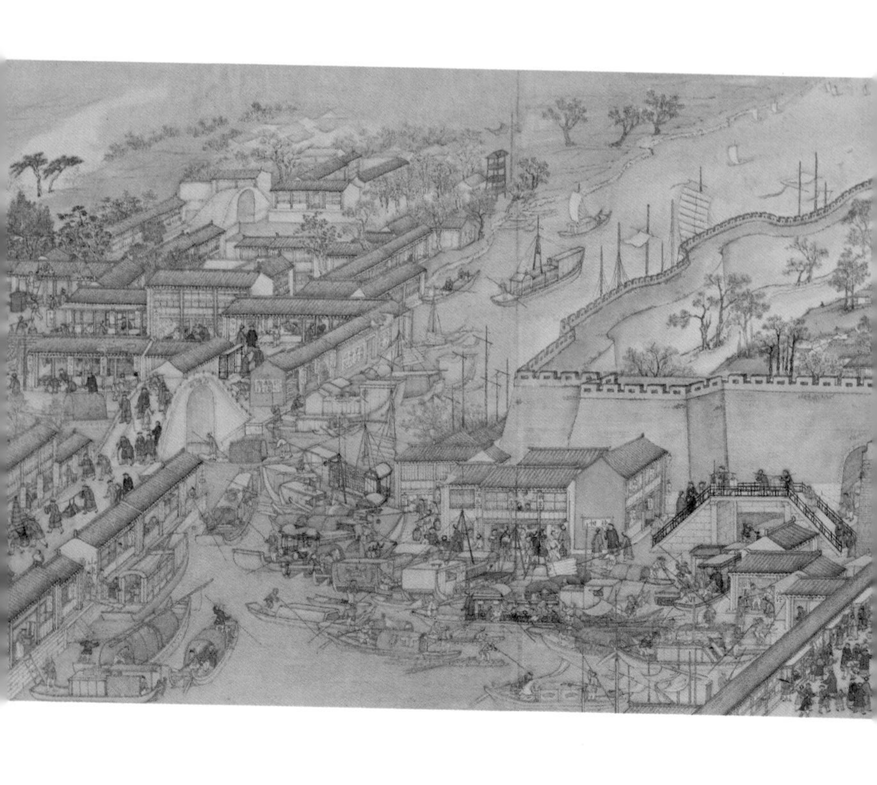

▶（清）徐扬 姑苏繁华图卷（局部）
大街上的锡器店

能够这样。明代制锡壶的名手归复，其艺更妙：以生锡困光壶身，用檀木作壶把，用玉作壶嘴和盖顶。壶内放进去茶，即使在夏季隔了夜，也不会有宿味。[①]

清代有紫砂壶高手将其技艺转移于锡壶制作上，像陈曼生所制锡壶茶具也是雕刻精美。嘉兴的沈存周，所作锡壶，背皆镌诗句名款，超凡脱俗。他以僧伽帽形为最佳，莲花形和核桃形次之，颜色似水银一般，光可鉴人。他在锡壶上雕镂的诗句、姓氏、图印，即使是专攻书篆者也难与之相比。

中国历史博物馆现藏有一把沈存周制锡壶。壶圆形，口径6.2厘米，底径6.4厘米，带盖，通高12.7厘米，盖平口，盖面弧凸，顶有白玉球形纽。壶直口，圆肩，鼓腹，腹一侧设曲流，对侧凸出二锡榫，榫间嵌一紫檀木曲柄，柄上下端各嵌小白玉榫钉一枚，平底，圆足。壶身一面刻有阳文行书：“世间绝品人难识，闲对茶经忆古人。”壶身另一面刻有阳文行书十字：“爱甚真成癖，尝多合乃仙。”[②]

---

① 谢堃：《金玉琐碎》；《扫叶山房丛钞》。

② 石志廉：《清沈存周制诗句锡壶》，载《文物》，1990（7）。

从锡壶的诗句可以看出沈存周制壶技艺的自负，倘无社会各层的欢迎，他是不会在锡壶上刻这样的诗句的。怪不得清代应试的学子们，特别钟情于“锡水壶”[①]，当然，这不乏锡壶具有小巧、保温的优点。

如清代有一种热酒的小锡壶，外方而内圆，圆者贮酒，方者贮沸汤，安圆者于方者之中，逡巡即热，名叫“抱母鸡”[②]。但是在锡壶上雕镌的诗句，优美的造型，耀眼的光泽，也是一个吸引人使用的原因。

在清代，锡饮食器具的使用到达峰巅的标志是孔府里那套皇帝赐给的餐具。这套饮食器具是由四百零四件主、副、配和大小器具组成的，是可供上一百九十多道肴品的大席器具。这套食器仿制青铜礼食器的簠、彝、鬲、豆、鼎的造型，也有取像于鱼、鸭、鹿、桃、瓜、琵琶等象形型；而且器身又多以玉、翡翠、玛瑙、珊瑚等珠宝嵌镶或蝉师头、鱼眼等美丽图形的装饰，此外还雕有花卉、图案装饰并说明性文字（钟鼎、籀篆）和祝福的词句。

---

① 铁载：《考具诗·锡水壶》。

② 捧花生：《画舫余谭》，《艳史丛钞》。

这套餐具中的盛肴器一般都有保温（冬置热水、夏可置冰）性能的结构；还有涮煮器，即燃木炭的涮锅和燃酒的汤锅；果碟则分干、鲜两制等。其中最大一件食器横长约三十六厘米，器身镌有“当朝一品”四楷字，是银质点铜锡水火餐具。

除这一大套锡饮食器具外，孔府还有许多单件锡器：粤锡茶壶、粤锡提壶、粤锡酒素、粤锡自斟壶、粤锡酒樽、粤锡饭罐、粤锡汤旋、粤锡暖锅、粤锡茶瓶、粤锡茶盘等。[①]

这些虽未标明也是皇家所赐，但同样可表明锡饮食器具在清代的使用，无论数量还是质量都是很多、很好的。而且在清代，无论是城市还是乡村，都出现了走街串巷的修补锡饮食器具的手艺人。

他们往往肩搭口袋，内装铁锉、钳子等工具，用手挑的竹竿上拴灯台、茶壶等器，至住户门首吆呼：“收拾锡拉家伙！”贴换也可以。[②]或者“手捏一把

① 赵荣光：《天下第一家：衍圣公府饮食生活》，黑龙江科学技术出版社，1989年版。

② 佚名：《北京民间风俗百图》七九，书目文献出版社，1983年版。

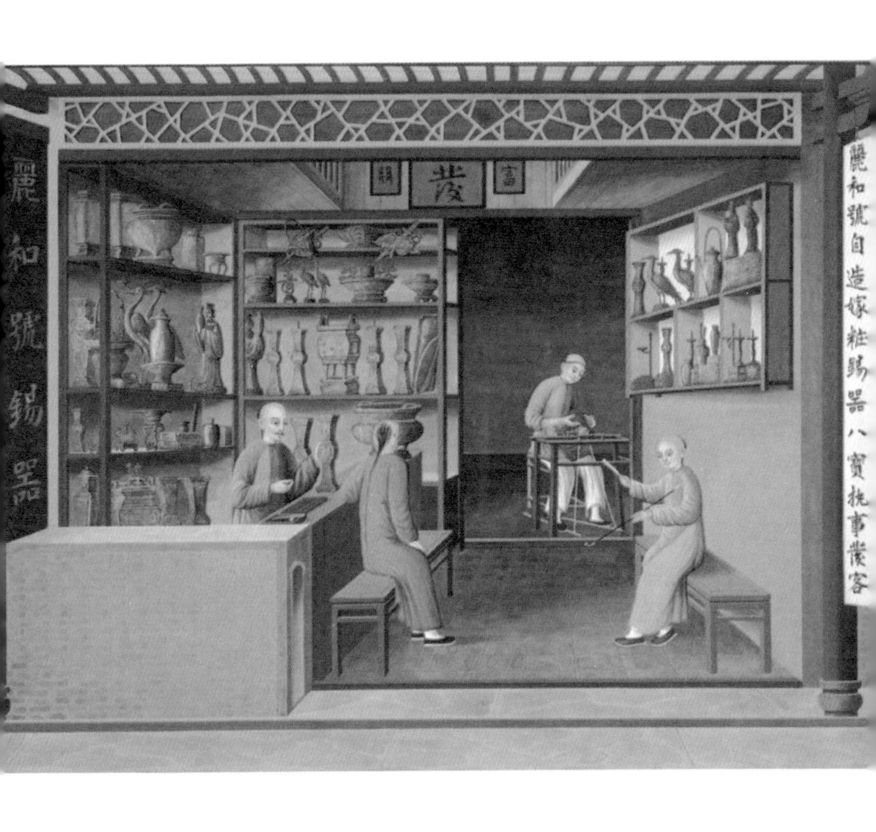

▲（清）佚名 锡器店 外销画

▲（清）佚名 收拾锡器图

走铜酒注子，上插草标一根，一只手拿了一柄烙铁，口中长声喝道：‘打壶瓶！’”挑着担子来到顾主家，“扇起匣子，支起锅儿，放了砖板，动了剪锤，便一件一件做将起来”[①]。

从修锡饮食器具的工匠，我们看到了明清百姓使用锡饮食器具的现象已经十分平常。在明清政府档案中，明代朝廷就有专职的“锡匠”[②]，清代锡饮食器具则相当之多，仅乾隆五十七年（1792）一部分的锡饮食器具就有锡碗盖、锡罐、锡直钴子、锡漏子等。其中仅螺蛳锡盒一种就达一百四十三件之多。[③]在一类锡饮食器具中，又有形式的不同。如锡壶项下又可分出锡背壶、锡柿子壶、锡莲子壶、锡火壶……[④]还有锡里冰箱等。[⑤]从中可见皇家对锡饮食器具使用之频、用途之繁了。

---

① 李绿园：《歧路灯》第三八回，中州书画社，1980年版。

②《明会典》卷一八九《工部·工匠》。

③《底档·锡器册》，乾隆五十七年十一月十三日立。

④《哈什库存家伙账》，道光十四年五月立。

⑤《宫中现行则例》，《清宫述闻》八《述内廷》。

食物加工器械

大型的米、面粮食加工器具，烹调所用铁锅、厨刀等铁制饮食器具，在明清日益完善，不仅种类齐全，而且制作技术手段也高超，质量上乘。

“杵臼之利，万民以济”，宋应星的这句话，高度概括出了明代粮食加工器械的景象。然而，这只不过是一种形象的说法。将杵、臼作为明清的粮食加工的器械是不够全面的。明清的粮食加工器械应包括：

击禾、轧车、风车、水碓、石碾、碓、筛、木砻、土砻、扬、磨、罗[1]等；水砻、砻磨、飏扇、切碓、舂碓、碓杵、磨面碾、研米槌、槽碓、海青碾等。[2]它们是稻、麦及粟、粱加工必不可少的，但究其主要是臼和磨。

加工稻米的臼有两种。一种“石臼”——八口以上之家掘地藏石臼其上，臼量大者容五斗，小者一半，用横木穿插铁碓头，脚踏其末舂米，不及则粗，

① 宋应星：《天工开物》卷上《攻稻、攻麦、攻黍、稷、粟、粱、麻、菽》。

② 鄂尔泰：《授时通考》卷四十《功作·攻治》。

▲（明）仇英 南都繁会图（局部）
图的左下角表现了稻米加工的劳作场景

太过则粉，精粮从此出来了。[1]

许多地方的人民，看到山多木，便取其根，用最大的木作“木臼”。“木臼”杵黍粒稻米，一会儿就可以精凿，比用石作成的臼更轻，效果也更好。[2]甚至一向很少有臼米之具的少数民族聚居地，也用大木为臼，直木为杵，臼米为常。[3]

明代的浙江人民还将臼的样式加以变易，发明了一种更为精巧的“堈碓”。它的制法是：先掘埋深逾二尺的堈坑，然后下木地钉三根，置石于上，再将大瓷堈穴透其底，向外侧嵌在坑内埋之。再取碎瓷，与灰泥和在一起，以窒底孔，让其圆滑如一，等干透，乃用长七寸、径四寸，如脊瓦样式但其下稍阔的半竹篛，用熟皮将它周围护上，倚于堈下唇。篛下两边用石压，或两竹竿刺定。然后注糙米于堈内，用碓木杵捣于篛内，堈既圆滑，米自翻倒，一捣一簌，既省人搅，米自匀细。[4]

---

① 宋应星：《天工开物》卷上《粹精·攻稻》。

② 《安吉州志》卷十六，明嘉靖刻本。

③ 居鲁：《番社采风图考》，《丛书集成初编》。

④ 王圻、王思义：《三才图会·器用》十卷。

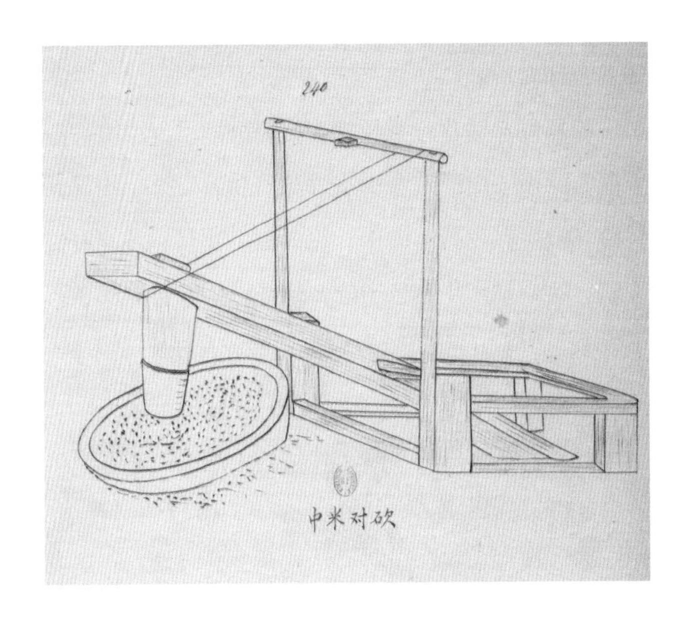

▲（清）稻米加工器械

加工麦子的工具主要是磨。多用畜力挽行或借水轮或掘地架木，下置鐏轴亦转以畜力进行。凡磨上都用漏斗盛麦，下到眼中则利齿旋转，破麦作麸，收之筛罗，便得成面粉。

面粉的品质往往是依据石磨而分的。江南少粹白上面，是由于用的石磨里有沙滓，相磨发烧，则其麸并破，故黑麸皮掺和面中，没办法上罗具。江北石性冷腻，特别是产于九华山的石最好，用此石制磨，石不发烧，其麸压至扁秕极点也不破，黑皮一毫不入，磨出的面非常地白。[①]

总之，无论是加工稻子还是加工麦子，主要器械为臼、磨，主要动力为人力、畜力，值得注意的是，用水力器械加工粮食在明清达到了全盛时期。在这方面，若集中观察一下新疆地区情形，便可知其全国大概。那里“治米之法，稻子谷子皆用研”。研是长二

▶（明）宋应星 天工开物·水磨

① 宋应星：《天工开物》卷上《粹精·攻麦》。

水礱

尺余，围四五尺的大圆石，两头施轴作盘，立于柱中为枢，用畜推转，除谷物还可研麦。哈密及南八城，则多水磨，做法与南方诸省略同。磨虽重而工易，平人常食者，“每礱其麸而细之，竟不过筛，利其面多，以此作干馍较香。阿克苏一带并有水碓，自舂于野以出米”。[①]

尤其是在水边生活的人民，更是利用水磨之便磨米、面。清代吴焘游历四川时所见：水畔居民，多作水磨，三里五里，磨房相望。这种水磨，旁渠引水，建矮屋跨水上，下铺木板，穴板中贯铁柱，柱端设木盘承磨，柱下作铁轮置水中，磨旁为木柜，设柱作轮。如磨制但小，即所谓箩柜。柜前用机器持箩，用磨时引水激轮，双轮迅转，磨行于盘，箩触于柜……[②]这种水磨比驴磨更方便，磨米、面的效果也要好得多。歙东南濒溪居人，则载磨于船，碇急流中，夹两轮运转，每天可磨数斛面粉。这一发明较之架屋遏防法更简易。[③]

---

① 萧雄：《听园西疆杂述诗》卷三。

② 吴焘：《游蜀日记》；《小方壶斋舆地丛钞》第七帙。

③ 黄钺：《壹斋集》卷九《船磨》。

特别是水转九磨。在明清以前，王祯《农书》有一个水轮带八个磨的记载，可是到了明清则有了一个水轮带九个磨的记载：

“此一水轮，可供数事，其利甚博。”“间有溪港大水，做此轮磨，或作碓碾，日得谷食，可给千家，诚济世之奇术也。”[①]

在明代还出现了前代所没有的水砻。它所加工的稻谷，要超过人、畜数倍。史家认为：临流居民，以此凭用，可为永利。[②]

从粮食加工器械发明史着眼，水砻[③]和水碾、水磨，是中国古代社会粮食加工器械逐渐成长过程中的最后一步。水砻和水碾、水磨，充分利用水转轮轴为动力磨米、面，实质就是明清科学技术深入发展，并作用于饮食生活取得成效的一个结果。

---

① 唐顺之：《武编》卷前・六。

② 王圻、王思义：《三才图会・器用》十卷。

③ 刘仙洲：《中国机械工程发明史》第六章，科学出版社，1962年版。

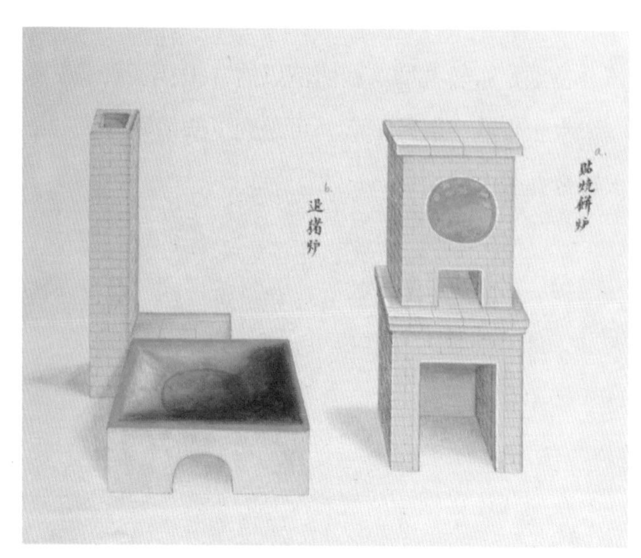

褪猪炉 贴烧饼炉

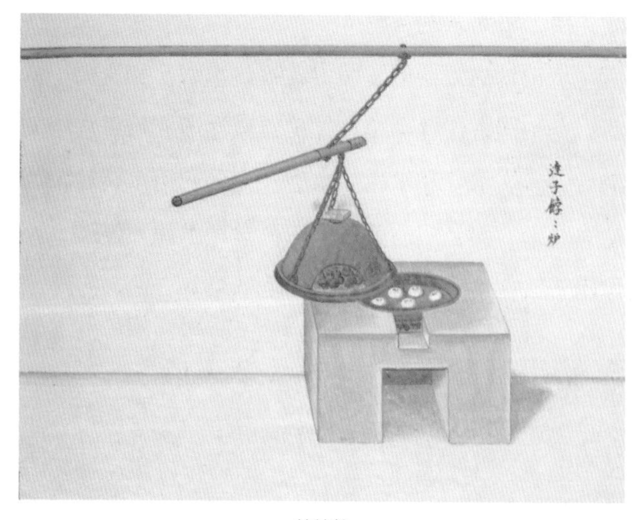

饽饽炉

熬粥炉

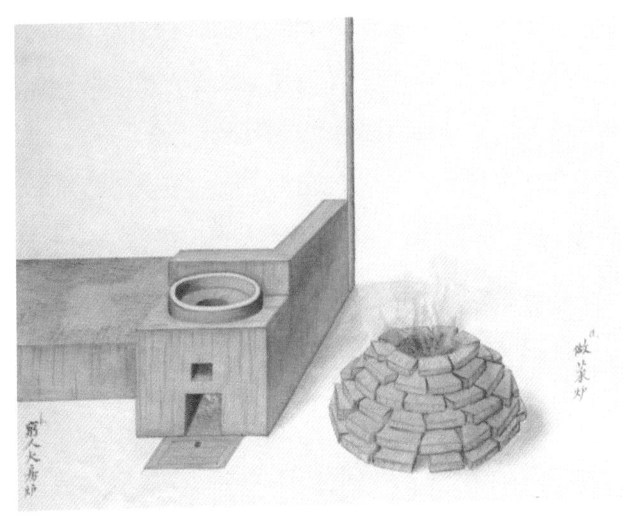

做菜炉 穷人伙房炉

▲（清）佚名 各式炉灶 外销画

如果把明清食物加工器械分类的话，除大型的臼、磨、水砻等，还可归结为如有人总括的“庖厨十事”，它们是煤炉、火眼、坛罐、通条、砂锅、蒸笼、面杖、水瓢、笊篱、炊帚。①

当然，这也不是完全的。但它毕竟揭示出了部分食物加工器械。这些食物加工器械作为普通老百姓加工食物的主要用具是大致不差的。若北方的煤炉，南方则多为“老虎灶”，由于省柴而火力倍增，它在清代中期很快便遍布了江南的乡镇。②

即如明清皇家“膳房”所用加工食物器械，除精致、品种多，其主要部分也与“庖厨十事”大同小异。如铁行灶、提炉、锹、斧、火罩、箱、桌、盒、板、木碗、缸、盆、锡背壶、壶座墩、罐、折盂、漏子、盘、红黄铜锅、勺、匙、钴旋、布壶套、油单、污单、褥带、纱格、亮铁镊、火夹、锅撑、柳木笊篱、瓢、箩、切菜板等。③

令人感到遗憾的是，在加工食物器具的“庖厨

---

① 李光庭：《乡言解颐》卷四《物部·上》。

② 郑光祖：《一斑录》卷三《物理·物有巧取之理》。

③《钦定大清会典》卷九八《大内之食饮膳馐》。

十事”中未将“厨刀”包括进去，而“厨刀”是加工食物器具中最为重要的。明清时期“铁有生铁，有熟铁”，“熟铁多瀵滓，入火则化，如豆渣，不流走。冶工以竹夹夹出，以木棰捶使成块，或以竹刀就炉中画而开之。今人用以造刀铳器皿之类”。[①]

江苏吴江县庉村市，自嘉靖始铁工过半，所制铁器除农具、猎具外，还有切刀、铲刀、火刀、火叉等食物加工器具。[②]有明代浙江武义一带地方，打铁颇多。有的铁店六月酷暑中还在打“厨刀”[③]。正是在这样雄厚的冶铸基础上，明清之际出现了许多精良的“厨刀”，像清初上海县的濮元良，就以制厨刀闻名，时人称为“濮刀”，在江南一带饮食器具制作中尊为第一。[④]

加工食物的主要器具——铁锅，在明清之际也有着长足的发展。其因：“釜储水受火，日用司命系焉。”明代的铁锅大小无定式，常用者径口二尺为率，

---

① 唐顺之:《武编》卷前·五。
② 《乾隆吴江县志》卷四《镇市村》;《顺治庉村志·物产》。
③ 梦觉道人、西湖浪子:《三刻拍案惊奇》第二回。
④ 《同治上海县志》卷八《服之属》。

▲（清）磨刀 外销画

厚约二分。小者径口半之，厚薄不减。当时丛林名胜的寺庙，铸有“千僧锅”，一次可煮粥二石米。[1]

明代还形成了生产铁锅的区域。如“生铁出广东、福建，火熔则化，如金银铜锡之流走，今人鼓铸以为锅鼎之类”[2]。当时，云南、四川等地均有熟铁冶

---

① 宋应星：《天工开物》卷中《治铸·釜》。

② 唐顺之：《武编》卷前·五。

▲（清）磨刀 外销画

炼之业，但以“出自广者精”，他地均不如广东，有人就曾将广东、福建两地铁相比，“售广铁则加价，福铁则减价”[1]。在正统、嘉靖、万历时期广东佛山做铁锅生意的人因此而致富。[2]

从清一代刑部档案收集材料来看，广东佛山的铸

① 茅元仪：《武备志》卷一〇五。

② 罗一星：《明清时期佛山冶铁业研究》，载《明清广东社会经济形态研究》，1985。

▲（清）蒲呱 补镬图

锅，制作精良，他地比不上，非常能获利。[1]其制法则采买生铁、废铁熔铸而成。品种有鼎锅、牛锅、三口、五口、双烧、单烧等。[2]其所铸大锅，口径达三尺余，供煮糖、蒸酒、酿酱用。又承办朝廷贡锅，以及乡试锅，都属特制。[3]乾隆十年佛山所铸的“千人锅”，口径达192厘米，深95厘米，据说可供千人用饭。

高质量的铁锅开创了一个广阔的铁锅市场。佛山的铁锅北贩于吴、越、荆、楚，南销于雷州、琼州，并为“大宗”[4]，行销海外，“获利数倍”[5]。铁锅之所以畅销，主要是它煎、炒、炆、蒸、煸、炸都可以。而明清时期的烹饪技术要求，向其轻薄实用方向改进，铁锅的球面、圆口、薄壁、浅腹、有耳等特点，正适合于此。它使人们认识到：球面，受热均匀，既能充分利用火力，又便于翻炒；口大，则便于投料起锅；

---

① 《康熙广州府志》卷十《物产》。

② 《民国佛山忠义乡志》卷六《实业》。

③ 黄思彤：《道光粤东省例新纂》卷三《户例·下》。

④ 张曾畴：《张文襄公奏稿》卷十七《筹设炼铁厂折》。

⑤ 《乾隆佛山忠义乡志》。

圆边，搁放平稳；壁薄，传热迅速；浅腹，利于观察；有耳，容易把握。[1]所以在清代时，广东佛山的“煮食之锅”，大受海内外欢迎。

洋船来买者也特别多，清代禁铁出海是很严的，但是仍控制不住洋船收购铁锅的势头，以雍正七至九年（1729—1731）洋船收购铁锅为例，“少者自一连至二三百连不等，多者买至五百连并有一千连者”。一连大锅两个，小者四至六个，每连约重二十斤。“若带至千连，则重二万斤。”[2]

这一连串的广东铁锅外销的数字，使人们想起英国人根据广州话的“镬”字发音创造出来的英文中的“Wok”。又仿佛在人们眼前连结起了一条西方饮食历史前进的道路，使人们更加看清了明清饮食器具所特有的辉煌……

① 金维新等：《器物文化纪趣》，上海古籍出版社，1990年版。

②《道光南海县志》卷一；《雍正九年十月二十五日广东布政使杨文斌奏折》。

鼻烟壶

鼻烟壶是由于鼻烟传入而随之兴起的一种新型的饮食器具。它汲取了中外玻璃、珐琅、绘画、书法、诗词、葫芦、竹、犀牛角雕刻、玉、瓷、漆器等多种文化艺术综合为一体，手工精绝。（朱培初、夏更起：《鼻烟壶史话》三，北京，紫禁城出版社，1992年版）鼻烟壶可谓中外艺术交流长河中，在饮食器具方面开放的一朵奇葩。

有行家认为："若论鼻烟：第一要细腻为主；若味道虽好，并不细腻，不为佳品。其次要有酸味，带些椒香尤妙，总要一经嗅着，觉得一股清芬；直可透脑，只知其味之美，不见形迹，方是上品，若满鼻渣滓，纵味道甚佳，亦非好货。"[①] 而要达到这一目的，没有好的盛鼻烟的器具是不成的。

所以，鼻烟壶是随着鼻烟的应用而出的。在中国，鼻烟壶是从海外传来的。有人说：明代万历九年利玛窦自广东入京献此，始通中国。[②] 还有一种说法是：鼻烟壶是满人入关带来的，清雍正、乾隆以后才开始大发明。[③] 尽管这两种说法都不够准确，但是鼻烟壶是十六世纪期间，从意大利等欧洲国家传入中国，而不是中国本土所产，却是事实。

---

① 李汝珍：《镜花缘》第七十回，人民文学出版社，1979 年版。

② 赵之谦：《勇卢闲诘》；《古今文艺丛书》第三集。

③ 沈太侔：《东华琐录》，北京古籍出版社，1995 年版。

起初，传入中国的鼻烟壶多为瓶状，如有人中藏小银圆瓶一个，四面皆有外国字，瓶顶螺旋几重，瓶中满装西洋鼻烟，带微绿色，味酸入脑。汪灏《随銮纪恩》还可佐证：“西洋人以香药调制之，用瓶悬之带间，以小指挑分许，嗅入两鼻观，最能去疾。”这表明鼻烟瓶携带是很方便的，鼻烟具有治疗疾病，缓解疲劳，有助消食等作用。正因如此，鼻烟瓶一出现，便首先赢得了皇帝的欢心。

清顺治年间，在内廷养心殿便成立了“御制鼻烟壶”的造办处，康熙时又有扩大，下设玉作、珐琅作、牙作、漆作、玻璃厂等十四个作坊。这是一个专供皇家使用，制作应用什物的综合手工艺工场，其中集中了一批造诣很高的画家，负责绘画和设计，所制鼻烟壶质量之高是可想而知的。

王士祯曾对康熙年间宫廷内的鼻烟壶工场有所记录：“近京师又有制为鼻烟者，云可明目，尤有辟疫之功，以玻璃为瓶贮之。瓶之形象，种种不一，颜色亦具红、紫、黄、白、黑、绿诸色，白如水晶，红如火齐，极可爱玩。以象齿为匙，就鼻嗅之，还纳于瓶，皆内府制造。民间亦或仿而为之，终不及。”[①]

这段文字，使我们了解到：为了保持鼻烟的气味，使之不致外泄，鼻烟壶的壶口一般都很小，需用勺伸入壶内挑烟，勺大多用象牙或白玉、翡翠、竹、木等制成，其头削为匙状，以盛鼻烟，用后立即还纳于瓶。

这种吸闻鼻烟的方法，使清代匠师联想到用弯曲的竹签特制成笔，蘸上颜色伸入壶内，绘画于质地洁净、透明度好、内壁经过磨砂的鼻烟壶的内壁之上。神奇的内画鼻烟壶技艺由此创造。[②]

据鼻烟壶老艺人传说，鼻烟壶内画是在乾隆至嘉庆年间兴起的。有人曾见一乾隆年制的鼻烟壶，瓶内底足有浅刻朱文。不知怎样将刀放入壶中刻的。那人惊叹道：刻棘镂尘，也不过如此。[③] 还有的鼻烟壶两面均有图画，如一玳瑁玛瑙鼻烟壶，一面有钟馗，神情勃勃；一面有一鱼、一虾。嘉庆皇帝就专以一面兰

---

① 王士祯：《香祖笔记》卷七，上海古籍出版社，1982 年版。
② 朱培初、夏更起：《鼻烟壶史话》二，紫禁城出版社，1992 年版。
③ 黄濬：《花随人圣庵摭忆》，上海古籍出版社，1983 年版。

亭水景，一面崇山峻岭、茂林修竹的鼻烟壶为题，让大学士答对。至于有的鼻烟壶中的物象是昆虫，虽不是“内画”，但是采取反扣脂合成，即入一虫，埋地经年，铸以秘药，成器之后，虫蠕蠕然，宛在其中。

据此，我们就比较好理解鼻烟壶为什么起始止行八旗子弟并士大夫，可很快贩夫牧竖，无不握此；乾隆为什么将镌山水，一背牵，一乘舟，极其工细的“白玉烟壶”，刻上自己的诗作，赏给宠爱的大臣；[①] 清代一位又一位皇帝为什么经常向海外朝贡者赐赏绿石、瓷、玻璃等鼻烟壶了。[②]

正是由于鼻烟壶所具备的任何一种饮食器皿也不能够代替的特点，使一批又一批一向以搜新猎奇的贵族如醉如痴。有身份的人把拥有何样的鼻烟壶当成了匹配整个服饰的重要部分：

要戴帽子装儿正，镶边靴子底儿轻。宝蓝袍子二则花样大，红青褂子雁尾青。碧玺带板真透水，翡

---

① 爱新觉罗·弘历：《题白玉烟壶》。

②《大清会典事例》卷五〇九《礼部·朝贡》《赐予·四》。

◀（清）康熙御制铜胎珐琅花卉图鼻烟壶

▲（清）乾隆御制铜胎画珐琅岁岁平安鼻烟壶

▲（清）乾隆晚期御制古月轩料胎画珐琅鼻烟壶

翠扳指就鲜明。白玉别子玲珑剔透，藕粉地烟壶要套红。[①]

有的贵族收藏鼻烟壶达千余种，其中有套至四五彩的，雕镂极精，壶底题有“古月轩”字最为著名。还有美玉、宝石、水晶、象牙瓷、黄杨木、椰树等鼻烟壶样式，玻璃鼻烟壶值千金以上。有一最奇特的金珀制成的鼻烟壶，中有一蜘蛛，头足毕具。[②]还有一某宗室素喜鼻烟，壶盖或珊瑚，或翡翠，灿然大备，宗室摩挲爱惜，较胜诸珍。他的四个儿子也分别叫奕鼻、奕烟、奕壶、奕盖，合称为鼻烟壶盖。[③]

顺应这一对新型的饮食器具嗜好的社会潮流，文学家则描写了一位喜爱鼻烟壶如命的春大少爷，并勾勒出了清代京城鼻烟壶的洋洋大观：

京城里人用鼻烟壶，有个口号，叫作春玉、夏晶、秋料、冬珀。玉字所包者广，然而绿的也不过是

① 《家园乐》；《清车王府钞藏曲本·子弟书集》。

② 易宗夔：《新世说》卷七《汰侈》。

③ 李伯元：《南亭笔记》卷二。

翡翠，白的也不过是羊脂。晶有水晶，有墨晶，有茶晶，还有发晶。料那就难说了，有要是真的，极便宜的也要五六十金；还有套料的，套五色的，套四色的，套三色的，套两色的。红的叫作西瓜水，又叫作山楂糕；黄的有南瓜地；白的有藕粉地；其余青绿杂色，也说不尽这许多。

春大少爷春和，他除掉这些之外，还有瓷鼻烟壶。瓷鼻烟壶以出自古月轩为最。扁扁的一个，上面花纹极细，有各种虫豸的，有各种翎毛的，有各种花卉的，有各种果品的。春大少爷他有不同样的瓷鼻烟壶三百六十个，一天换一个。

为了得到一个叫作“七十九,八十三，歪毛儿，淘气儿”的料鼻烟壶，春大少爷用一所“每年可得租价一千多银子”的房子换了这个料鼻烟壶。[①]

尽管贵族的鼻烟壶如此富有，但他们和皇家相比还是有一定差距的。从清代来看，自康熙之初，皇帝得外人进贡的鼻烟壶记录就不绝于史册。雍正三年

① 蘧园:《负曝闲谈》第二四回。

（1725），意大利使者一次向皇帝就贡献有玻璃、咖什伦、宝、素、玛瑙等各色鼻烟壶。居所贡方物六十种之六。[①]

上有所好，下必效焉。封疆大吏纷纷将鼻烟壶作为晋上物品。康熙四十九年六月二十六日，李煦进京呈康熙物品中就有“鼻烟壶”[②]。管理九江关务的唐英则亲自指点，“恭拟坯胎数种，并画定颜色、花样，即于新正赍赴厂署，在民户烧造粗瓷之茅柴窑内，攒行烧制并令星夜彩画。今攒造得各款式鼻烟壶四十件”，恭进于乾隆。[③]

皇帝得品评中外交汇各种鼻烟壶之先，自然滋养了对鼻烟壶较高的鉴赏能力。如雍正八年（1730）十一月二十四日，内务府总管海望持出黑地珐琅五彩流云画玉兔秋香鼻烟壶一件。奉旨：玉兔不好，其余照样烧造。钦此。同日，内务府总管海望持出桃红地珐琅画牡丹花卉鼻烟壶一件，奉旨：上下云肩与山子不甚好，其余花样照样烧造。钦此。

---

① 赵之谦：《勇卢闲诘》；《古今文艺丛书》第三集。
②《李煦奏折：一〇七进新出佛手及湖笔鼻烟壶折》。
③《唐英恭进上传及偶得窑变瓷器折》。

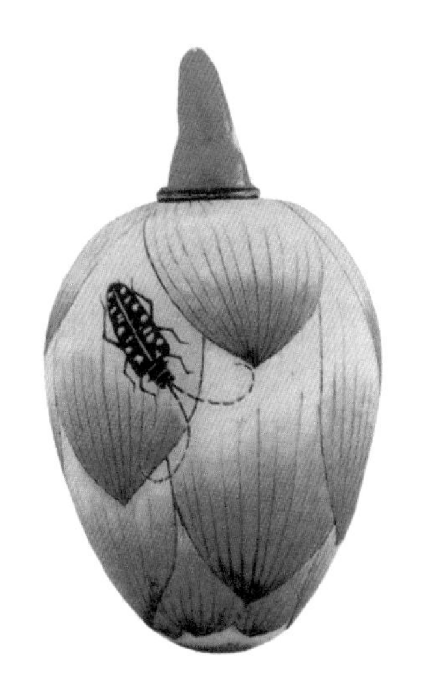

▲（清）乾隆料胎画珐琅半开莲花形鼻烟壶

▲（清）乾隆御制料胎画珐琅葫芦形鼻烟壶

此事亦可以反映出鼻烟壶在皇帝心目中的地位的重要。其源盖出于鼻烟壶非常完美地体现了中国绘画、书法、诗词、玉器、瓷器、珐琅、葫芦、竹、漆器、犀牛角雕刻等多种器术、器具制造的精华，同时它也汲取了欧洲、阿拉伯国家的鼻烟盒、珐琅、绘画、玻璃绘画、金属工艺等器皿艺术的长处。可以说中国的鼻烟壶充分体现了中外饮食器皿艺术制造交流的成果。

这一成果体现得最为鲜明者，是康熙、乾隆两朝，这两朝成就最突出者，又都是玻璃鼻烟壶。

康熙初年，山东博山就生产多种玻璃“料器”，鼻烟壶为其中一种[1]。它起初为白色，逐渐从单一颜色发展到各种色彩，其中分玻璃（透明）、砗磲（贝壳）、珍珠、凝脂、霏雪、藕粉等色，不久，又有红、蓝、绿、黑等色彩新品种。

玻璃鼻烟壶制作往往采取“兼套”之法，即在料胎上装饰二彩、三彩、四彩、五彩，或重叠套[2]，颜色各异，交相辉映。这就是被人称为“套彩”“套料”的鼻烟壶。

乾隆六年，新烧成玻璃金星料、仿翠、仿玛瑙、仿玉玻璃等。不同色料的巧妙使用，形成了花料、搅料等新品种，如人所说：“又有绕料，缠料数种，光怪离奇，不可殚述。”[3]从而生产出了百态纷呈、备极工巧的玻璃壶精品。

好的玻璃鼻烟壶，腹宽而皮薄，壶口与足，皆

---

① 孙廷铨：《琉璃志》，《美术丛书》初集第九辑。

② 崇彝：《道咸以来朝野杂记》，石继昌点校抄本。

③ 黄濬：《花随人圣庵摭忆》，上海古籍书店，1983年版。

精致合度，所镂花纹隆起处，能以手抓甲掐之，不下坠。把壶放在水中按，轻能自浮。这种微妙，不是后代所能混同的。

最著名的玻璃鼻烟壶制家是“辛家坯”“袁家坯”“勒家坯”。“辛家坯”都是玻璃料地内含珍珠泡，彩有金糕红、蔚蓝、湖绿水、金黄魄四种，彩皆通明。“袁家坯”是以白砗磲色为料地，除了前面那四种彩外，还有松绿、豆青二彩，雕刻玲珑。

在康熙、乾隆年间，釉色鲜丽、装饰精美，多为扁圆形，近似金月瓶式的珐琅鼻烟壶基础上，又有掐丝珐琅及画珐琅与掐丝珐琅相结合的鼻烟壶问世。造型有玉兰花、孔雀屏、八角等，装饰方式与纹样更是千变万化，錾花与珐琅彩交汇，中国画与西洋画融合，凡山水风景，婴戏仕女，花鸟禽兽，吉祥图案种种，细绘于鼻烟壶上，显得绚丽多彩。

以上是康熙、乾隆两朝在鼻烟壶制作上的主要精湛表现。虽有分别，实有侧重；互相影响，一脉相承。此外，鼻烟壶还可归纳出以下几种：

一是玉鼻烟壶。玛瑙、水晶、翡翠、青金石、木变石、琥珀、碧玺、珊瑚等各色玉石，光洁无瑕，细腻温润，正适合匠师们因材施艺，有的就其自然形态掏腹加盖，做成随形鼻烟壶，有的则巧妙设计，雕琢成茄子、瓜、枣、柳斗、鱼、蝉、龟等形态各异的玉鼻烟壶。其精品有昆岛蟠枝红白玛瑙桃式鼻烟壶、琼罂仙蒂红白玛瑙瓜式鼻烟壶、壶天春盎玛瑙天然鼻烟壶、宝掌浮玛瑙佛手鼻烟壶、涂林衍庆红白玛瑙石榴鼻烟壶、瑶蕊含芳玛瑙玉兰花鼻烟壶、檀木胜果玛瑙手鼻烟壶、香绕蓬壶花玛瑙背壶式鼻烟壶、瑞捧仙匏象牙葫芦鼻烟壶……[①]

二是象牙鼻烟壶。乾隆款象牙雕刻鼻烟壶，灵巧精致，图案题材生动，多开口广腹部，盖有暗销，不知者难以开启，不愧为鬼斧神工之作。

还有珠鼻烟壶、珊瑚鼻烟壶、石鼻烟壶、木鼻烟壶、雕漆鼻烟壶、彩漆鼻烟壶、文竹雕刻鼻烟壶、匏制鼻烟壶、蒙古族葫芦造铜鼻烟壶……均做工精细，美不胜收。

清代鼻烟壶所呈现出来的这种花团锦簇、争芳斗艳的局面，其因如前所述，主要是康熙、乾隆两朝打

---

①《国朝宫史》卷十八《经费·二》。

◀（清）乾隆御制铜胎画珐琅西洋人物鼻烟壶

下的基础，了解康熙、乾隆两朝的鼻烟壶的情形，便了解了整个清代鼻烟壶的全貌。而鼻烟壶何以在康熙、乾隆两朝兴盛？赵之谦用简洁的语言总结得相当好，那就是："时天下大定，万物殷富，工执艺事，咸求修尚，于是列素点绚，以文成章，更创新制。"[1]在这种大文化的背景下，鼻烟壶作为一种特殊的饮食器皿，渐渐流行起来。

---

① 赵之谦：《勇卢闲诘》。

烹调技术与食品制作

工艺美术研究家在评论明清工艺美术作品时，都有一个共同的结论，那就是工艺美术品的制作发展到明清，在原有的基础上愈益表现出繁复的、更加精细的样式和特征。将这一评价移于明清的烹饪技术与食品制作也是很合适的。

以清代果实菜肴的烹调为例：“如炒苹果、炒荸荠、炒藕丝、炒山药、炒栗片，以至油煎白果、酱炒核桃、盐水熬花生之类，不可枚举。又花叶亦可以为菜者，如胭脂叶、金雀花、韭菜花、菊花叶、玉兰

瓣、荷花瓣、玫瑰花之类，愈出愈奇。”（钱泳：《履园丛话》卷十二《艺能·庖治》）

这段对“果子菜”的描述，大致可以代表明清菜肴烹调与食品制作的状况。简言之，任何一种菜肴烹调、食品样式的制作技术，在明清都进行了深入的发掘，而且愈益精致。

诸如菜肴的氽涮炖煨、烩烧焖扒、㸆煎炒爆、熘煸熏焗、酱卤炝拌、腌泡冻酵……面食的蒸、煮、烙、烤等技术花样新意迭出，更加引人入胜。米饭的做式，如怎样淘米、如何加水，都有一整套的经验总结出来，形成规范。

明清时期各地菜肴与风味食品已初具规模并定型。较为流行的菜肴有广东菜、福建菜、四川菜、扬州菜、苏州菜、山东菜等。（张伯驹：《春游琐谈》卷四《中国菜》）较为出名的食品有汤团、笼蒸、“却教纤手争奇巧，果馅翻新斗粉团”的“沪城粉团”（张春华：《沪城岁事衢歌》，《上海掌故丛书》）、北京庙市合食者不下千人的刑部于田家温面（史玄：《旧京遗事》,《双肇楼丛书》)、山东的煎饼、满族的糕点、秦晋的羊肉泡馍等。清代成都的菜肴与小吃已达一千三百余种。

烹调

据不完全统计，有原则、有规律、有程序、有标准的菜肴烹调品种，在明代已近千种。到了清代，能吃的飞、潜、动、植食物基本上都得到了利用，这个时期的烹调技术，已更加详细，分门别类。

菜肴烹调品种主要有以下诸类：群海类、舒凫类、窗禽类、豕羊类、藷蓣类、池鲜类、蟹螯类、�虾类、飞禽类、走兽类、山苴类、海蕊类、竹胎类、野蒿类、花卉类、艳果类、玉弹类、雉卵类、八珍类、粗蔌类、大烤类、小烧类、鲜汤类、冻菜类、拼摆类、蔬菜类、摘锦类等。[1]

烹调技法可谓千变万化，撮其主要是：

炒：煸炒、熟炒、滑炒、软炒、清炒、小炒、油

---

① 同治五年丙寅岁季冬月朔五日程记录，手抄本：《筵款丰馐依样调鼎新录》上、下册。

▶（明）佚名 同年饮宴图轴

◀（清）华喦 春宴图

内獲臙肩龍席
後先光景侵尋
衣冠雅古萃羣
洛社曾儀俗圖
止尚年髦譏機
羅並趁曹省卯
從真率為寒儉
髙易疵顛盛事
舉白非才接簡
亥龝月下澣

炒、蒜炒、辣炒等。

烹：清烹、混烹、辣烹、酒烹、酸烹、姜烹、酱烹等。

爆：油爆、汤爆、盐爆、酱爆、葱爆等。

炸：清炸、酥炸、软炸、脆炸、干炸、松炸、香炸、浸炸、包炸等。

煎：干煎、煎烧、煎闷、煎蒸、煎熘、煎烹、糖煎、盐煎、酱煎、煎汆等。

烧：红烧、白烧、干烧、黄烧、糟烧、辣烧、酱烧、蒜烧、清烧、盐酒烧等。

扒：红扒、白扒、鸡油扒、奶油扒、蚝油扒、五香扒等。

熘：脆熘、滑熘、软熘、糖熘等。

炖：隔水炖、直接炖、蒸炖等。

烩：青烩、红烩、白烩、熟烩、生烩等。

烤：明炉烤、暗炉烤、泥烤等。

焗：盐焗、酒焗、炉焗、汤焗等。

汆：沸水汆、温水汆、冷水汆等。

煮：红煮、白煮、盐水煮等。

焖：黄焖、红焖、原焖、酒焖等。

蒸：清蒸、粉蒸、糁蒸等。

煨：红煨、白煨等。

冷菜：卤、冻、熏、泡、酱、醉、糟、炝、拌、腌、腊、酥、风、渍等。

甜菜：蜜汁、糖水、拔丝、挂霜、琉璃等。

特殊技术：炆、㶠、烘、焐、炕、焙、醯、爨、控、脯、煀、酿、淖、蒙、楂、炊、烫等。

可以说，只要随意涉入明清时期的任何一地任何一处较为著名一点的饭馆，均可领略到既全又多的菜肴烹调技法，如烧炖炒炸、蜜炙葱椒、醋熘芥辣、煎熬焖烩、酥片糟爆、拌拆酱熇……[1]

自明代以来，以前不常见的烹调技术术语也已广为流用，如朐、蘸、串、膹、羓、腒、瀡、泔、沉、溲、渺、炝、飪、熥、焊、煽、熥、熇、鸩、脡、鲑、滫、馐、泲、醽、爁、醶、䤈、头脑、刬剁、绺蒸、腤䐿、㶠湘、爇炳。清代又增加了㶠、熥、炭、燩等。

新的烹调技法不断涌现出来，但并非无源之

---

① 顾禄：《桐桥倚棹录》卷十。

水，而是在已有的烹调技术基础上有所发展的，如爆炒就是在已经十分成熟的炒法上加以变化的快速炒法。像“油爆猪”，即将熟猪肉切丝再急炒而成。[①] 这种快速爆炒的代表之作——“炒腰子”，在明末清初定型。[②]

由此而派生出来水爆、酱爆、芫爆、宫爆等一系列快速爆炒法。[③] 如清代所出现的焯水—油炸—炒制的操作工序。以“爆肚”为例，主料是花刀块，或骰子丁、或丝的形状，以滚水焯烫主料，用动物油或植物油为传热媒介使主料速熟，然后与配料、调料急炒制成菜肴。[④]

还有新的烹调技法，将以前的烹调技法加以完善。如浆，它有别于糊，主要是豆粉一类，连同鸡蛋清及一些调味品加在一起搅拌，给菜肴原料上一层薄薄的浆，以使菜肴质地滑嫩。在明清这一新的技法已

---

① 宋诩：《竹屿山房杂部》卷三《养生部》。
② 高濂：《遵生八笺》；朱彝尊：《食宪鸿秘》。
③ 张舟：《说爆》，载《中国烹饪》，1987（8）。
④ 童岳荐：《调鼎集》卷三《特性部》。

▲（明）尤子求 麟堂秋宴图（局部）

普遍使用。[1]

许多羹类菜肴，也都是由于运用了加绿豆粉调芡和腻，以增其润滑的新烹调技法。如“炒鳝鱼法”，先将鱼付滚水抄烫，卷圈取起，洗去白膜，剔取肉条撕碎。用麻油下锅，并姜、蒜炒拨数十下，加粉卤、酒和匀，取起。

此处的粉卤，还有同类菜肴“虾羹法”中所说的绿豆粉，[2]是指用淀粉和各种调料对成的芡汁。这类芡汁技法少见于明清以前，而多产生于明清之际。明清时期对这类烹调技法的掌握，已达到了炉火纯青的地步，人们已经能对芡汁的使用，既不多也不少、硬软得宜了。

明清时期，多种刁钻古怪的烹调技术也研究出来了，“烹饪禁区”被大大突破，许多在常人看来几乎不能解决的烹饪技术问题也得到解决。而且是向新、清、精的境界迈进，尤其是在水生动物食物的制作上。

---

① 郝祖涛：《糊芡浆纵横谈·下》，载《中国烹饪》，1989（2）。
② 李化楠：《醒园录》卷上《虾羹法》。

羊腰——从刲羊者买回生腰子，连膜煮酥取出，剥去外膜切片，用胡桃去皮捣烂，拌腰抄灵，待胡桃油渗入，用香料、原陈酒、原酱油烹调，味道之美，熊掌也比不上。

鳖裙——在活河鳖宰后，立即放入水中略煮取出，剔取其裙，镊去黑翳，极净纯白，略用猪油爆熥，和姜桂末，入口即化，异味馨香，都不知道这是鳖。因此它有个“荤粉皮”的别名。

蒸野鸭——将网来的野鸭，去净其毛，掏空腹，用五香甜酱和酱油、陈酒填充在腹中，缝上空隙，外用新出锅腐衣包上再蒸，蒸烂去皮，自颈至腿，节节开解，抽去骨，只存头脚，仍用全体，再用五香甜酱、酱油、陈酒等料，入原汁中，微火烹，待汁将干，取出食用。假若山中花鸡等物有脂肪的，可用“腐衣”包裹蒸熟，脂肪不漏仍腴。鸭舌熟了可去舌中嫩骨，竖切为两，同笋芽、香菌等入麻油同炒，泼以甜白酒浆。吃之，令人疑为素品中的“麻姑”之类。

就是常见的吃蟹，清代也有一叫周田麻的，将其翻为新烹调法——先将蟹蒸熟，置于铁节炭火炙之，蘸以甜酒、麻油，须臾壳浮起欲脱，二螯八足，骨尽爆碎，脐肋骨皆开解，用指甲微拨，应手而脱，仅存黄与肉，每人一份，盛一碟中，姜醋洗之，随口快吃，绝没有刺吻抵牙的苦楚。周田麻的这种“爆蟹”，秘不授人，人虽效其法，但无不蟹焦骨壳如故。看来“爆蟹”确有独到之处。[①]

水生食物中最为难制的河豚，在明清之际也被攻克。如明清江阴境内江河，河豚颇多，明清两代的江阴县志，均用相当大的篇幅对河豚有剧毒进行了述说，并记载了民间解河豚毒素的方法，如“服荆芥、乌头、附子等药”，同时提出了“稍治不慎，食之杀人”，“善保命者，切不可食”，目的是引起人们的警觉。可是该县仍有人癖嗜河豚，即使中毒也不顾及。因为河豚味道确实太美了。清代乾隆时期的江阴籍进士王苏，外出为官二十余载，告老还乡的最大快事就是烹制河豚招待客人：

登盘馈客列几席，百花苦露盈芳樽。

老饕下箸声有啴，食罢关膈俱和温。

① 瀛若氏：《三风十愆记·记饮馔》。

王苏在这首题为《河豚歌》的诗中提倡：吃河豚要有“品味值一死”的勇气，但必须要有精湛的烹调技术加以保障。“南人羹臛有成法，鲐背可相腹可扪。分肌擘理复洗髓，刮膜瘗血兼禁鲲。”要做到“乙肠务去”，“屏弃马肝”，不“失饪”，不“生食”。河豚的美味定会“安得余气四日存”，“西施乳滑无留痕”，“乘春日日宜饔飧”，“煎熬调和连晨昏”。[①]

与此相比照的是，早在王苏之前就有人也专写了一首吃河豚的诗，对如何烹制河豚进行了更为细致的描述：

扶睛刮膜漉出血，如鳖去丑鱼乙丁。
磨刀霍霍切作片，井华水沃双铜瓶。
姜芽调辛橄榄醉，荻笋抽白篓蒿青。
日长风和灶觚净，纤尘不到晴窗棂。
重罗之面生酱和，凝视滓汁仍清冷。

① 蒋祖麟：《古江阴县志对河豚的记叙》，载《中国烹饪》，1988（12）。

人们在吃豚时尽管有恐惧，“奚为舌缩箸躅停”，可是“西施乳滑恣教啮”，“入唇美味纵快意”。[1]河豚味美的景象凸显在人们眼前，于是便有了“拼死吃河豚”之说。倘无自明以来烹制河豚技术的成熟，是不能如此的。烹调河豚的技法，也确实精细，足以对人的性命和口味作出保证：

隔年取上数斗黄豆，拣去纯黑及酱色的豆子，再拣去微有黑点及紫晕色的豆子，使黄豆纯黄。而且是必经他手再拣，逐粒细验，再煮烂，用淮麦面拌作酱黄。六月中入洁白盐合酱稀少，作罩，晒在烈日中，酱熟入瓮，覆之瓮盆，用灰封固，这叫“河豚酱”。据说豆之黑色酱，及微有黑紫斑的，作酱烧河豚，必害人。而晒酱时，或入烟尘，烧河豚也有害，故必须精慎详细。

做河豚时，先让人到江上，运来数缸江水，凡漂洗河豚及作汁的水，都用江水。河豚数双，割去眼，抉出腹中子，刳其脊，洗净血，用银簪脚细剔河豚肪上的血丝，一直到干干净净。封河豚肉，取皮全具，放沸汤中煮熟，取出安放在木板上，用镊细箝

①　朱彝尊：《腾笑集》卷二《河豚歌》。

其芒刺无遗留，然后切皮作方块，同肉及肪和骨猪油炒，随用去年所合的酱入锅烹河豚，启锅时，必须张盖在上面，蔽烟尘。用纸捻蘸汁燃之则熟，否则未熟。这样烹制的河豚，吃起来才无害。

类似制作河豚这样的选料精、制作新、款式清雅的烹调手段，还有青鱼尾羹、金漆蹄蹱、水晶羊肘、炒鸭舌、糟雄鸡冠、煮鸡鸭肾、香莲团、煮鲫鱼舌、蒸鳗、无骨刀鱼、鸽蛋等[①]，在明清已不属少数。

如清代“茄鲞”的制法：“把才下来的茄子把皮签了，只要净肉，切成碎丁子，用鸡油炸了。再用鸡脯子肉并香菌、新笋、麻菇、五香豆腐干、各色干果子，俱切成丁子，用鸡汤煨干。将香油一收，外加糟油一拌，盛在瓷罐子里封严。要吃时拿出来，用炒的鸡瓜一拌就是。”[②]

鲞为干腊鱼。但加以茄，则是以蔬菜为原料的

---

① 制作河豚及所列菜肴品名均出自瀛若氏：《三风十愆记·记饮馔》。

② 曹雪芹、高鹗：《红楼梦》，第四一回，人民文学出版社，1982年版。

▲（清）汪承霈 花卉杂蔬十二开（局部）

腌腊食物。它可以追溯到明以前的"菜鲞"[1]，与明代的"鹌鹑茄"最为相近——用嫩茄，切作细缕，沸汤焯过，控干。用盐、酱、花椒、莳萝、茴香、甘草、陈皮、杏仁、红豆，研成细末，拌匀，晒干，蒸过，收贮。用时用滚汤泡软，蘸香油炸。[2]

有专家将"鹌鹑茄"与"茄鲞"比较研究，认为鹌鹑茄全素，茄鲞有鸡，荤素兼备。两菜都有刀工处理，一细缕，一切丁。鹌鹑茄晒、蒸，茄鲞则只炸，但两者均达到脱水效果。两菜均有素料荤味，相比之下，茄鲞用料讲究，鲜香多种，滋味耐人。[3]

将嫩茄子去皮签了，后切丁，油炸，再汤煨，用油收干，多味组合，素菜荤烧，这是家常蔬菜烹调技术的一个突破。在其他方面也莫不如此，如野生动物食物的制作技术"烹熊掌"。

宋代《太平圣惠方》中有烹制熊掌的记录，但"难胹"。可是到了明代，出现了熊掌用石灰沸汤剥净，布缠煮熟，或糟等方法。有的则用砖砌一高四五

---

① 佚名：《居家必用事类全集》已集《饮食类》。

② 高濂：《遵生八笺》卷十二《饮馔服食笺·中》。

③ 陶文台：《茄鲞说》，载《中国烹饪》，1988（8）。

尺的烟筒，将熊掌放在一碗中封固，置于烟筒口上，下面点一支蜡烛，用微火熏一昼夜，不耗汤汁，就将熊掌化了。[①]

清代的烹熊掌则是先挖地作坑，入石灰及半，将熊掌放在里面，上加石灰，凉水浇，候发过，停冷取起，熊毛易去，根俱出。洗净，米泔浸一二日，用猪油脂包煮，再去油，撕条，同猪肉炖。因为熊掌最难熟透，不透者食之发胀。然后再加椒盐末和面裹，饭锅上蒸十余次才可食。或取数条用猪肉煮，则肉味鲜而厚，留掌条勿食。候煮猪肉拌入，煮数十次再食。久留不坏，久煮熟透，糟食更佳。[②]

明清的烹熊掌，集中一点就是注重火候火功，通过掌握“微火”“久煮”等用火要领，付诸时间，获得了熊掌由生变熟所需要的适当温度，达到了色、香、味、形俱佳的效果。烹熊掌的成功，只有火候适当，才能色泽鲜艳，香气扑鼻，滋味鲜美，形态美观。假如火候不当，或过火或欠火，熊掌就会非老即

---

① 阮葵生：《茶余客话》卷九《煮熊掌法》。

② 顾仲：《养小录》下卷《肉之属·熊掌》。

生，无法食用。

烹熊掌的技法，意味着明清时人们对“火候”认识的升华。由于能够领会“火候”的微妙并加以娴熟地运用，在清代的农村，人们都已遵循“火候”原理去烹熊掌了：

先用热淘米水将熊掌泡上一天，再用面糊涂包，再加黄泥重包寸余厚；用豆秸火或炭火盘旋烧，至泥红为度；取出，剥去泥面；再用粗石磨光，洗净，入砂锅内，同猪蹄汤煨一日，即烂；再加花椒、酒、盐煮用。[①]

这表明“熟物之法，最重火候”的烹调理论已广泛深入人心。在明代，甚至奴婢只用一根柴禾儿，就把一猪头连蹄子烧好。她的方法是舀一锅水，“用一大碗油酱，并茴香大料，拌着停当，上下锡古子扣定。那消一个时辰，把个猪头烧的皮脱肉化，香喷喷五味俱全”[②]。

这位唤作宋惠莲的婢女，是深得烹调之要的。她是用一锅水煮又硬又韧的猪头和蹄子，其意是使水

① 丁宜曾：《农圃便览·冬》。

② 兰陵笑笑生：《金瓶梅词话》，第二三回，人民文学出版社，1985年版。

慢慢地渗入猪头和蹄子的内部，以使其组织软化、松散。宋惠莲又用“锡古子”把锅和锅盖扣定，这就起到了聚气与产生高压的作用。而蒸气本身就是水的状态的变化，它是通过持续的高温和在高压逐步渗透下，从而使猪头和蹄子烧得酥烂。宋惠莲还使油酱和茴香大料，将猪头拌着“停当”，不只使人闻着香，而且颜色也悦目。更奇的是灶内只用一根长柴禾儿，以燃“文火”，但仍然把猪头烧的“皮脱肉化”。这同时也是受明代烹调的“省柴法”的影响。[①]

在家禽烹制上，明清对前代是有新的突破的，如“云林鹅”即是一例。虽然早在《齐民要术》中，就有蒸鹅及炰鹅的方法，至元，倪瓒亦有总结，明清则将“云林鹅”制法规范化：

鹅整治干净，用盐、花椒、葱、酒多次擦鹅的腹内外，让调料之味渗透到鹅肚子里去，鹅的外皮则涂上蜜酒。接着，将鹅腹朝上，用竹棒架在锅中，锅中放入“水一盏，酒一盏”，将锅盖盖上，缝隙用湿

① 方以智：《物理小识》卷六《饮食类·省柴法》。主张“闭气”，与《金瓶梅词话》中“上下锡古子扣定”相符。

▲（清）恽寿平 鹅群图

纸条封好，纸如干了，即以水润湿。然后用一“大草把”烧锅……[①]

还有两法：一是将肥鹅肉切成长条丝，用盐、酒、葱、椒拌匀，放白盏内蒸熟，浇上麻油供食。一是不剁碎鹅，先用盐腌，置汤锣内蒸熟，用三五只鸭蛋洒在里面，候熟，用杏酪浇食。[②]

这样制作鹅，是十分注意调味的变化的。先是将鹅加各种调料擦过，以使其除腥味，增香味，保证鹅的脆嫩。在鹅的表皮涂上蜜酒，也是为了产生特别的香气。

各种不同的调料的配制所形成的“复合味”，投入加热的高温环境中，加速了已经渗透到鹅的内部芳香物的生成挥发。为了使口味更好，“云林鹅”还辅以加热后的调味，即或麻油或杏酪的浇食。

总起来看，“云林鹅”的烹调，已充分实践了至今也仍在实践的三个阶段的调味技法——加热前调味，加热中调味，加热后调味。每个阶段的调味，都有不同的作用，加热前的调味可称辅助调味，加热后

① 顾仲：《养小录》卷之下《禽之属·白烧鹅》。
② 韩奕：《易牙遗意》卷上《脯鲊类·觥蒸鹅》。

调味称补充调味，加热中调味称正式调味。[1]其中尤为重要的是加热中的调味，如蒸鹅锅中放一盏水和一盏酒，就是让水和酒在高温下，加速有色物质形成，把鹅的鲜美本味突出出来。

刀工

当然，仅仅依靠调味，还不能说是完全达到了美食的目的。烹调的成功，必须佐以其他条件配合，才有可能实现。而不可忽略的，也是烹调技术的有机组成部分的就是刀工。

明清的菜形，既有块、片、条、段、丝、丁之分，也有丸、饼、球、花之别。这些多种多样的形态，都要借助刀技体现出来，要整齐、均匀、清爽。许多烹调原料，如不用刀加工，各种调味品就不能进入，因此也形成不了美味。

而且，烹调原料种类，有植物性的、动物性的，也有矿物性的。纤维组织各有老嫩之区分，就是同一

---

① 涵春:《我国调味技术的五大特点》，载《烹饪技术》，中国商业出版社，1981 年版。

种原料的各个部分也是如此，要通过变化多端的刀工，来保持原料的营养成分。这就需要精湛的刀工，而明清时期的刀工已经能够实现这一点：

海参切成四瓣儿，鲍鱼切成薄片儿，皮鲊切成细丝儿，鲤鱼成个正面儿，葱丝切成碎段儿……[1]

这其中包括了直刀、平刀、斜刀、混合等各种刀法，足见刀工所具有的高超水平。更绝妙的刀工是：一吝啬的东家，招待家庭教师的饭食只是一盘又薄又少的片肉。这位教师便写诗讽刺道：

主人之刀利且锋，主母之手轻且松。
一片切来如纸同，轻轻装来无二重。
忽然窗下起微风，飘飘吹入九霄中。
急忙使人觅其踪，已过巫山十二峰。

这首诗的本意是讽刺东家的极其吝啬，只用薄

---

① 蒲松龄：《聊斋俚曲集·禳妒咒》。

如纸片的肉款待他家的教书先生，可同时却又相当传神地透露出了清代一私家厨师的刀工，已能将肉切得像纸片一样又薄又轻，甚至可随风飘荡。又有另一首诗补充其诗道：

薄薄批来浅浅铺，厨头娘子费功夫。

等闲不敢开窗看，恐被风吹入太湖。[①]

刀工达到这种程度，不能不说是一种绝技。更有甚者是一山东人胡某，在一大帅营中为庖丁，其手法灵敏，善制肉酱，能用人裸肩背为几案，置二三斤生猪肉，挥着双厨刀切剁，待肉成酱，而那个人的背无毫发伤害。

后来，大帅兵权被解，胡某也就赋闲无事，便和江湖卖艺者一道，卖其制作肉酱的技术——胡某将肉放于一人背上，挥厨刀砍剁，观者方惊讶失色之际，肉酱已成，而承肉者背上果无点伤……[②]

---

① 二诗同见小石道人：《嘻谈录》卷上《嘲馆膳诗》。

② 吴友如：《点石斋画报》中的《庖丁绝技》。

从这则真实的故事可以看出，清代“刀工”技术，集传统刀工精华之大成，和庄子的“庖丁解牛”一样，已进入了艺术的境界。胡某就像江湖艺人一样，将切肉的技巧当成一种艺术向人们兜售。

而且，这已不是个别现象，在清代，烹调刀工技艺已经职业化、商业化了——有一表演剁肉者，跟着一少年儿童。剁肉者让儿童脱去上衣，两手扳着板凳，突起臀肉，横背净光，就好像摆着一条玉案。剁肉者将去皮骨的十斤猪肉，安放在儿童背上，然后手执两柄快斧，一起一落，上上下下，仅吃一盏茶的工夫，肉便被剁得糜烂，而儿童背上无纤痕……[1]

在清代以前，是很少见到这样的刀工绝技者的。宋代曾三异《因话录》中只有这样一条刀工的记录：“一庖人，令一人袒背俯偻于地，以其背为刀几，取肉二斤许，运刀细缕之，撤肉而拭其背，无丝毫之伤。”拿它与清代的这两则剁肉者的刀工相较，就会发现清代的刀工，比宋代的刀工更胜一筹，以致使后人仰之愈高。

---

① 破额山人：《夜航船》卷一三《人戏法》。

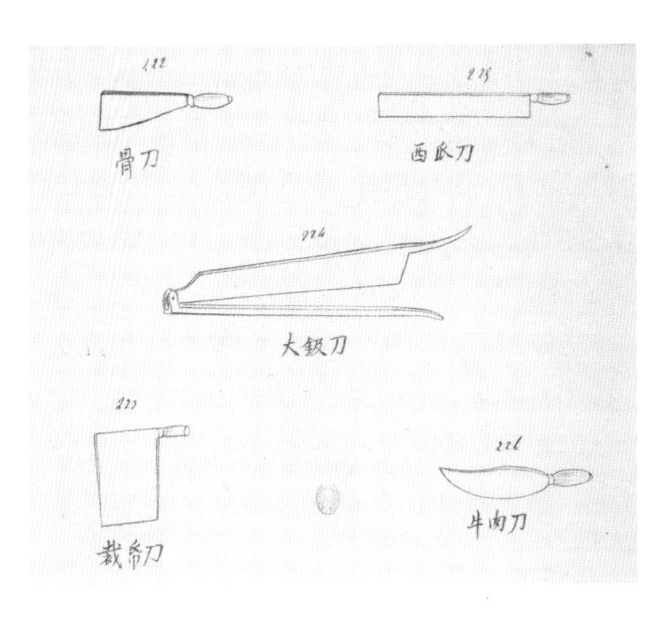

▲（清）各式刀具 外销画

正是这样的刀工，为明清的烹调奠定了坚实的基础。可喜的是，类似的刀工，遍布于明清两代。清代河北农村林亭每逢家中有红、白事发，一天要摆数十席酒菜。可是只有王姓厨师父子兄弟三四人，他们应付这种场面，还有余裕。这时的席面要用四个大碗、四个七寸盘、四个中碗，这叫“四大八小”。所用的原料不过是鸡豚鱼蔬，但必须是整、熟，没有生吞活剥的毛病。[①] 而王姓父子却能圆满完成，除其烹调娴熟外，也得力于这个时期的刀工技术工艺流程已经形成。

明清时期，烹调过程对原料的用前处理、卫生要求，保持原料物性。主副料的料量及比例搭配等都有一整套严格要求，从而达到质、色、香、味、形、器、序的艺术统一。其中刀工技术占有非常重要的位置，试看规范的烹调技术工艺流程便可知道：

采购原料→原料选择→初步加工→切削配菜→上灶烹调→装盘美化，等等。

据此可见，烹调只有依赖于刀工，才能使菜肴制作得精美。

---

① 李光庭：《乡言解颐·人部·食工》。

明清时候的主要食品是粒食和粉食。

粒食

粒食即饭、粥，这是家常日用食品。上至宫廷，如清康熙三十九年（1700），康熙为庆祝母亲六十岁生日，特令御膳房用一万粒米作“万国玉粒饭”[①]进献。下至百姓，惯以“吃了清水白米饭”标榜。[②]

由于食饭、粥的普遍，像“炊米汁勿倾去，留以酝酿则气味全，火宜缓，水宜减”之类的做饭、粥之法被归纳出来了。[③]其中行之有效的做饭、粥的经验技术，被有的著作家总结于著作中：

饭最大的毛病，就是内生外熟，不是烂了就是焦了。粥的最大毛病，是上清下淀，如糊如膏。这都是火候不均的缘故。只有最笨拙的人才会做成这样的饭、粥；稍微会烧火做饭的人，一定没有这类事情发生。但也有硬软合适，稠稀得宜，可一咀嚼，却有

---

① 余金：《熙朝新语》卷四。

② 梁同书：《频罗庵遗集》卷十四《清水白米饭》。

③ 张英：《饭有十二合说》，《志古堂丛书》。

饭、粥的美形，无食物的至味。这是为什么？

其因是舀水无度，增减不常。米用多少，水用多少，宜有一定度数。就像医生用药，水一盅或半盅，煎至七分至八分，皆有定数。若以意为增减，则不是药味不出，就是药性不存，服了也无效。不善于做饭、粥的，用水不均，煮粥常怕少，煮饭常苦多，多了去掉，少了增入，不知米的精液全在于水，扔掉饭汤，实质是扔掉饭的精液。精液去了，饭就是渣滓，吃了有什么味道？粥熬熟以后，水和米交融一体，就好像米酿制成了酒。如果嫌粥太厚入水，这就等于入水于酒使酒成了糟粕，味道还有什么可咀嚼的？所以做饭、粥时，注水必须限数，不能增也不能减，用火候调匀，这就可以做成有别于他人的饭、粥了。

宴请客人有时用饭，要比家常吃的饭做得稍微精致些。方法是：使饭有香味就行了。我授意佣妇预设一盛花露的杯子，花露用蔷薇、香橼、桂花三种为最好，勿用玫瑰，因玫瑰之香，食者容易分辨。知道它不是谷物本来具有的。蔷薇、香橼、桂花与稻谷性香相仿，使人难辨，所以采用它们。等饭刚熟时浇上花

▲（清）董棨 八月赏桂花

露，稍微焖一下再拌匀，再将饭盛到碗里。吃饭的人认为香味是由于做饭的大米好，打听这是一种什么不同的好品种，却不知道它就是平常的五谷。这种做饭之方隐秘很久，今始告人。秉用这种方法做饭时，不必满锅浇遍，浇遍要用很多花露，此法不会行世。只要用一盏浇一个角落，足供宴客需要就行了。①

以上所举，属于煮饭。也有主张蒸饭的，理由是：北方捞饭去汁味淡，南方煮饭味足，但汤水、火候难恰到好处，不是太烂就是太硬，不好适口。只有蒸饭最适中。② 通行的常法是先用水煮，米心微开，入笼再蒸。

煮饭的要诀在于始终俱用熟水，生水切不可用。用生水，饭定不佳。米用滚水淘净，漉入锅，视米多少加入滚水。米老水稍多点，米嫩水稍少点。煮到水尽锅内微有干声，饭就做成了。饭须一气煮成，不可搅动，颗粒分明。饭还可以采用“碗蒸”：一大碗装

---

① 李渔：《闲情偶寄》卷十二《饮馔部》。
② 朱彝尊：《食宪鸿秘》上卷《饭之属·蒸饭》。

▲（清）佚名 攒香簸米图

三两多米，淘米加水，和煮饭法相同，把碗放在笼内蒸，蒸熟，味道特别浓厚。[1]

清代总结煮饭有四要诀：一要米好，或香稻，或冬霜，或晚米，或观音籼，或桃花籼，舂之极熟，霉之极熟，霉天时摊开晾，不让米发霉；二要善淘，净米时不惜工夫，用手揉擦，使水从箩中淋出，竟成清水，无复米色；三要用火，先“武火”后“文

① 薛宝辰：《素食说略》卷四《饭》。

火”，焖起得宜；四要相米，放水不多不少，燥湿正好。[①]

从总的方面看，饭不外乎煮、蒸。但因米质、做法不同，饭又可分为多种，它们是：

白粳米饭、白籼米饭、红米饭、粟米饭、秫米饭、糯米饭、稷米饭、黍米饭、蜀黍饭、玉蜀黍饭、菰米饭、黄蓬饭、青精饭[②]、香稻饭、姑熟炒饭、荷香饭、香露饭、蚕豆饭、青菜饭等。

其具体制法又有差别，有的是以米质而得名，如香稻饭，是江苏丹阳、常熟等地所产，将一担米内和三四斗香稻米，通米皆香，香气别具。有的特地煮饭俟冷，炒以供客，不着油盐，专用白炒，炒得饭粒微焦，松、脆、香、绒兼具。有的则以荷叶包好煮而得名。有的则取青菜心切细，加脂油、盐、酒炒好而得名。有的则因蚕豆泡去皮与米同煮而得名。[③]像清

① 童岳荐：《调鼎集》卷八《饭》。
② 章穆：《调疾饮食辩》卷二《谷类》。
③ 童岳荐：《调鼎集》卷八《饭》。

代的饭熟后，用梅红纸盖上，即变嫩红色的“红米饭”，则是由明代用梅红纸盛米做饭，温后去纸，米粒和匀红白相间的做饭法演变而来。[①]

在盛产稻米的地区，饭的花样相对多一些。广东西宁的习俗在每年三月，用青枫、乌桕嫩叶，浸之若干宿，用其胶液和糯米蒸为饭，色黑味香。枫一名乌饭木，故用它来相赠送。南雄在寒食节前后，妇女相约上丘垅，用乌糯饭置牲口祭墓，又用蜡树叶捣和米粉为粔籹，色青味香。长乐人用香桂皮叶蒸饭，东莞用香粳米杂鱼肉诸味，包荷叶做青里香透的荷包饭。[②]

相形之下，与饭并列的粥虽然主要是煮食，但品种却远远超过了饭。明代的粥品有：

小麦粥、寒食粥、糯米粥、秫米粥、黍米粥、粳米粥、秈米粥、粟米粥、粱米粥、赤小豆粥、绿豆粥、御米粥、薏苡仁粥、莲子粉粥、芡实粉粥、菱实

① 周履靖：《群物奇制·饮食》。
② 屈大均：《广东新语》卷十四《食语·诸饭》。

▲（清）董棨 卖糖粥图

清杭嘉诸郡，商贾凑集，行人如织，过年唯买糖粥

粉粥、栗子粥、薯蓣粥、芋粥、百合粉粥、萝卜粥、胡萝卜粥、马齿苋粥、油菜粥、莙蓬菜粥、荠菜粥、芹菜粥、葵菜粥、韭菜粥、葱豉粥、茯苓粉粥、松子仁粥、酸枣仁粥、枸杞子粥、薤白粥、生姜粥、花椒粥、茴香粥、胡椒粥、茱萸粥、辣米粥、麻子粥、胡麻粥、郁李仁粥、苏子粥、竹叶汤粥、猪肾粥、羊肾粥、鹿肾粥、羊肝粥、鸡肝粥、羊汁粥、鸡汁粥、鸭汁粥、鲤鱼汁粥、牛乳粥、酥蜜粥。[1]

还有：蔓菁粥、甘蔗粥、山药粥、紫苏粥、地黄粥、山栗粥、菊苗粥、杞叶粥、沙谷米粥、芜蒌粥、梅粥、荼蘼粥、河祇粥、麋角粥、羊肉粥、扁豆粥、苏麻粥、竹沥粥、门冬粥、仙人粥、乳粥、肉米粥、口数粥等。[2]

从这些粥品的范围看，饮料、花果、菜蔬、动物作为原料，都可以入粥，这就大大突破了传统的粒食结构。“各样榛松、栗子、果仁、梅、桂、白糖”这

① 李时珍：《本草纲目》卷二五。
② 高濂：《遵生八笺》卷十一《饮馔服食笺·上》。

样的粥品[1]，虽是出现在富裕豪门的饭桌上，但毕竟是常见了。粥的品种在明代已达到了八十余种。

清代的粥品，诸如用白菜做粥，已屡见不鲜。[2]其种类又远远超过明代。在一首情歌中，一大姐为情郎做粥，一口气就可举出“豆儿粥，酸溜溜，多加绿豆小米粥。肉粥撇浮油”，“甜酱粥，不稀稠，多加姜豆大麦粥。江米鸭子粥”，“燕窝粥，香稻粥，佛爷落发的腊八粥”。[3]粥品相当多，撮其主要有：

莲肉粥、藕粥、荷鼻粥、香稻叶粥、丝瓜叶粥、桑芽粥、胡桃粥、杏仁粥、菊花粥、梅花粥、佛手柑粥、砂仁粥、五加芽粥、枇杷叶粥、茗粥、苏叶粥、藿香粥、薄荷粥、松叶粥、鹿尾粥、燕窝粥、天花粉粥、面粥、腐浆粥、龙眼肉粥、大枣粥、柿饼粥、枳椇粥、木耳粥、菱粥、淡竹叶粥、贝母粥、鹿肉粥、淡菜粥、海参粥、白鲞粥、车前子粥、肉苁蓉粥、大

---

① 兰陵笑笑生：《金瓶梅词话》，第二二回，人民文学出版社，1985年版。

② 平步青：《霞外攟屑》卷五《炰粥》。

③ 华广生：《白雪遗音》卷三九《样粥》。

麻仁粥、榆皮粥、桑白皮粥、常山粥、白石英粥、紫石英粥、慈石粥、滑石粥、白石脂粥、葱白粥、莱菔粥、菠菜粥、甜菜粥、秃根菜粥、芥菜粥、韭子粥、苋菜粥、猪髓菜粥、猪肚粥、羊脊骨粥、犬肉粥、麻雀粥、蚕豆粥、牛蒡根粥。

倘若细分，粥的品种可分为几大类：

谷类粥：香稻米粥、陈米粥、焦米粥、盐米粥、大矿麦粥、米麦粥、浮麦粥、炒面粥、面筋浆粉粥、莜麦粥、燕麦粥、荞麦粥、苦荞粥、玉米粥、蜀黍粥、稷米粥、稗穆子粥、黄豆粥、黑豆粥、红白饭豆粥、豌豆粥、芸豆粥、豇豆粥、刀豆粥、彬豆粥、泥豆粥、爬山豆粥、芝麻粥、苡仁粥、菰米粥、醪糟粥、谷芽粥、麦芽粥、锡粥、豆豉粥、豆浆粥、红曲粥、神曲粥、火齐粥。

蔬类粥：姜粥、松菜粥、乌金白菜粥、苋菜粥、红油菜粥、蕹菜粥、莴苣粥、蒲公英粥、染绛菜粥、巢菜粥、藜粥、苜宿粥、蒌蒿粥、茼蒿粥、莙荙粥、苦荬粥、兰香菜粥、蕨菜粥、黄瓜菜粥、墨头菜粥、鼠曲菜粥、甘蓝粥、莼菜粥、荇菜粥、苹菜粥、发菜粥、绿菜粥、水笠子粥、蒲蒻粥、芦笋粥、笋粥、齑粥、羔粥。

蔬实类、糯米、菰类粥：山药粥、羊芋粥、百合粥、地瓜粥、甘露子粥、落花生粥、长寿果粥、鲜荷叶粥、莲花粥、菱角粥、荸荠粥、慈姑粥、石耳粥、香蕈粥、蘑菇粥、榆耳粥、冬瓜粥、南瓜粥、西瓜子仁粥、丝瓜粥、锦瓜粥、茄粥、瓠粥。

木果类粥：枣粥、桃仁粥、桃脯粥、橘粥、梨粥、柿霜粥、桑仁粥、葡萄粥、山楂粥、樱桃粥、青梅粥、白果粥、龙眼粥、荔枝粥、木瓜粥、橄榄粥、栎橿子粉粥、沙糖粥、腊八粥。

植药类粥：松子仁粥、松花粉粥、柏子仁粥、山萸肉粥、刺栗子粥、松柏粉粥、木槿花粥、桂花粥、木樨糖点粥、桂浆粥、椿芽粥、榆荚粥。

卉药类粥：黄耆粥、参粥、诸参粥、沙参粥、地黄花粥、黄精粥、葳蕤粥、天冬粥、麦冬粥、菟丝子粥、乌苓粥、蒺藜粥、香五加粥、竹节参粥、佛掌参粥、菊花粥、牡丹花粥、芍药花粥、萱草花粥、木香花粥、藤萝花粥、兰花粥、天花粉粥、半夏曲粥、菌陈粥、牛膝粥、茉莒粥、决明子粥、蓝汁粥、地肤粥、芎䓖苗粥、荆芥苗粥、防风粥、紫菀苗粥、葛根粥、向日葵粥。

动物类粥：黄鸡粥、酪粥。[①]

综观明清粥品，百花齐放，足有三百余种。这是由于明清人民辛勤培育的结果。而且，经实践证明有益的做粥的规范也制定出来。

第一为“择米”：米用粳，以香稻为最。晚稻性软，也可取用。早稻次之。陈廪米则欠腻滑。秋谷新凿者，香气足。脱谷久，渐有故气。须以谷悬通风处，随时凿用。或用炒白米，或用焦锅巴，腻滑不足。香燥之气，能去湿开胃。

第二为“择水”：春、夏、秋、冬四季水比较，初春的水最有益。此外长流水四时俱宜。井水清冽，用来煮粥，味添香美。

第三为“火候”：煮粥以成糜为度。火候未到，

① 以上是笔者依据黄云鹄《粥谱》，又考察明清其他粥品种类，将重复粥品种类删去综合所得。

气味不足；火候太过，气味遂减。粥须煮得不停沸，这就须紧火。煮时先煮水，用勺扬数十次，候沸数十次，然后下米。[①]

明代一首盛赞粥的诗生动表达出了当时人民喜食粥的心情：

---

① 曹庭栋：《志老恒言》卷五。

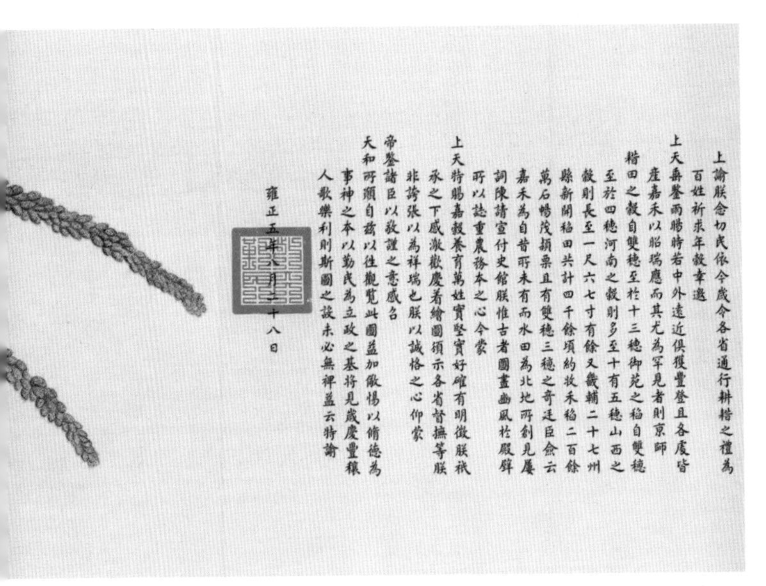

▲(清)郎世宁 瑞谷图

煮饭何如煮粥强，如同儿女熟商量。

一升可作三升用，两日堪为六日量。

有客只须添水火，无钱不必问羹汤。

莫言淡薄少滋味，淡薄之中滋味长。[1]

清代又总结出了粥的一省费，二味全，三津润，

---

① 陈锡路：《黄奶余话》卷四《莲坡诗话》一则。

▲（清）冷枚 养正图册（局部）
文王开仓赈济鳏寡孤独

四利膈，五易消化的好处。[1] 尤逢灾荒之年，清代平民百姓都会翘首期盼着“飞檄十郡傍乡曲，传出天语令煮粥”这样的时刻的到来。[2] 这雄辩地证明了粥确为一种最经济实惠的食品。

粉食

明清的粉食主要是麦，还有果实磨成的面粉所制成的食品。中国粉食中的重要品种在这个时期大体已经完备，而且北方精于麦粉面食，南方主要食用粒食的传统已被突破，呈现出北方也重南方粒食，南方也重北方粉食的格局。

如上海南汇县的“麦粞”，就是磨圆麦或大麦之屑，蒸熟饭上，和饭食用，俗称“麦粞饭”。麦粉调粥也颇滑腻，一种炒熟而磨、名“麦眉”的食

① 黄云鹄：《粥谱·序》。

② 陈份：《煮粥歌》，《清诗纪事》，江苏古籍出版社，1987年版。

品，和糖冲水，香味兼美。[1]

从整体观察，南方的面食花色品种也的的确确不亚于北方。

用麦面为糊，摊如薄纸，卷肉丝、春笋、韭菜等煎食的“春卷”。

用面做成的边薄底厚，实以肉馅，蒸熟即食，形圆的“纱帽”；用肉汤或开水和麦为饺；实馅蒸食，或用汤煮的“饺子”。

有紧酵、松酵的两种“馒头”：紧酵用清水和面做成，皮薄馅多，小者用汤佐叫“汤包”；松酵是用白酒滓或碱水溲面起酵蒸作，或作荷叶形，包肉，皆宜即食，故叫“出笼馒头”。

起酵像馒头，鏊煏如月饼，多填玫瑰、豆沙之类甜馅的“酒孃饼”。

起酵，用葱盐为馅，油灼的“葱香饼”。

圈形的“盘香饼”。

用酥和面，韭菜和肉为馅，油灼，或重酥干煏如月饼，用萝卜丝作馅的“韭盒”。

---

①《民国南汇县续志·物产》。

▲（清）蒲呱 打薄饼图

制法与“韭盒”相同，实新笋和肉为馅的“笋饺”。

用油酥为饼，实填诸馅，鏊上缓炀的，小的叫“棋子饼”，方的叫“方酥”，圆的叫“月饼”。

用碱水和面起酵为四条、油炸的“油灼桧”。

用水溲面，擀薄细切，汤煮；或用脂油炒食，切细的“切面”。

用豆和面磨粉作成的“豆生面”。[①]

仅从馒头观察，明代已出现了专门以发馒头为业的人，[②]可见馒头制作已成为最为普通的食品制作。而且明代南方出现的“黄雀馒头”，制作已具相当水准：

用黄雀的脑、翅，与葱、椒、盐同剁碎，酿腹中，用发酵面裹上，作小长卷，两头平圆，上笼蒸；或蒸后糟过，用香油炸过食用。还有“糟馒头”，则是将细馅馒头逐个用细黄草布包裹，或用全幅布，先铺糟在大盘内，用布摊上，稀排馒头于布上。再用布

---

①《民国嘉定县续志·饮馔之属》。

② 王兆云：《白醉璅言》卷上《徐馒头妇变》。

覆之，用糟厚盖布上。糟一宿取出，香油炸用。冬天可留半月，冷则旋火上炙之。[1]

当然，南方还是以米面制品为擅长。一般人家都会做“米烂”点心，这种“米烂”，是用糯米粉调和，做成小团儿，再用胡椒煮汤，加些葱韭，还附加蜜糖煎热水。[2]也有取白菜叶去叶脉切成细馅，或放入肉馅、豆沙馅的“粉团”。[3]正像一首诗所说的：“舂房得碎粒，硙粉蒸作团。满裹青粉馅，热炙供朝餐。比类同不托，品味逊牢丸。贫儿资一饱，鼓腹有余欢。”[4]

其他大米粉、玉米粉、高粱米粉、小米面粉、黄米面粉、大豆面粉、小豆粉、绿豆粉、豌豆粉、蚕豆粉等，都可以制成面食品。仅上海地区就有很多这样的食品：

用糯米粉和糖蒸作红白颜色的“薛糕”[5]；用芡实

---

① 顾元庆：《云林遗事》第五《饮食》。

② 高文举：《珍珠记》第十八《出藏珠》。

③《同治上海县志·饮馔之属》。

④ 沈梅：《粞团》，《东郊土物诗》。

⑤《同治上海县志·饮馔之属》。

和粉做成的“鸡头糕”[1]；用糯米而摘芦箬裹者为粽子；蒸饭热抟者为“吹饭团”；包馅外滚豆黄为“豆黄团”；用糯粉包馅作团为“粉团”；外滚米再蒸为“累米圆”；煮熟再外滚豆沙为“累沙圆”；粉和枣肉蒸为“枣糕”；和香瓜蒸为“香瓜糕”；粉调以鸡子蒸而发酵的为“粉糕”“蛋糕”。[2]

用粳糯米磨粉，和以赤白糖汤，徐徐入甑，制成松腻得中、易热而不滞的“松糕”。像松仁、胡桃、枣肉、橙丁、橘红等果品，玫瑰、木犀、薄荷及干菜、猪脂等，均可放入“松糕”内。这种糕往往作为每家岁末馈赠的礼物，也常用来宴客，“重九”时更是如此，因为它谐声于高，顺为颂祷。

“实糕”则是用“松糕”揉实，或作银锭形祈财，或作桃实形祝寿。也可直接用赤白糖汤溲粉做，玫瑰、桂花、猪脂都可加入。

“香糕”，用粳米久浸频易出水，略干磨粉，和赤糖蒸的叫“黄香糕”，或和白糖，借用薄荷的叫

---

① 《光绪松江府续志·饮馔之属》。

② 《光绪南汇县志·饮馔之属》。

“茯苓糕”，吃起来不滞。

“豆沙糕”，用赤豆煮烂和糖炒，用和粉蒸饺，较直接用赤豆和入为好。

“赤豆糕”，是烂煮赤豆和糖及米粉或麦面，夏日多食。

“扁豆糕”，用白扁豆实作，制法与赤绿豆糕相同。

“三火糕”，用锅巴磨粉蒸，再烘，老幼多食用，取其易化。

“蜜糕”，用糖蜜和粉蒸，久揉使韧，加入青梅、胡桃、松子诸果，为馈赠珍品。

“饭团”，杵糯米饭做成，内填糖果，外面裹炒黄豆粉，夏天食用。

“摊粞”，用苜蓿和粞油灼作，立夏食用。原创始的意思是因为粞不耐久，过时就变了。

“蒸缸甏”，用糯米粉和糖，作诸水缸形。元夕时蒸作用来祀祖先、祭神灵，同时看看每缸的水汽多少，来占卜每月的旱涝，又作各种物状，大都是寓祈福的意思。

“圆团”，用糯米粉作，装肉果诸馅，“荐新”

时用。

“绿圆子”，用雀麦或菜叶捣成汁，和粉做成，多在清明时做。

“油灯”，用糯米粉起酵，中贯肉馅，入油灼作，成型松大如灯。

“麦芽饼”，用大麦芽磨粉和米粉做饼。

“角翅”，用粉做成，馅用豆沙，或枣子、胡桃、饴糖等，制成四出长尖角形，像乌沙上的角翅。为明代创制。[①]

用米和豆磨制的山东“煎饼”，更别具一格。它的制作方式是：用小米、黄豆以水泡约两小时后，用水磨成米糊，放入盆里，置上三足支撑的大平鏊子，慢火烧热，舀一勺米糊在鏊子上，用木机子把米糊向右旋转摊开，摊刮至平、薄的圆形饼，稍停煎，饼由白变黄至熟，再从沿边处揭起并叠好即成。

这种圆如望月，大如铜钲，薄似纸，色似黄鹤翎羽的煎饼是山东人民的主要食品。尤其是二月二这天各家竞赛吃煎饼，此时有新葱，再加半咸肉，每

① 《嘉定县续志·饮馔之属》，民国十九年修铅印本。

户都是这样。以至蒲松龄以大篇幅的生动辞藻专赋煎饼赞：

若易之以莜屑，则如秋练辉腾。杂之以蜀黍，又如西山日落返照而霞生。夹以脂肤相半的猪肋，浸以肥腻不二的鸡羹，就可以从早餐一饱到晚上。假如经宿冷毳，尚须烹调，或试鹅脂，或假豚膏，三五重叠，慢煿成焦，味松酥而爽口，香四散而远飘。更有层层卷摺，断以厨刀，纵横历乱，绝似冷淘。汤合盐豉，末剉兰椒，鼎中水沸，零落金条。时霜寒而冰冻，佐小啜于凌朝，额涔涔而欲汗，胜金帐之饮羊羔。即使采榆树绿叶做成煎饼，也可笑仓底饭之不伦，讶五侯鲭之过费。有锦衣公子用鼎中所烹，换野老手中的煎饼，野老竟不换。[1]

① 蒲松龄：《聊斋文集》卷之一，道光邢保文钞本。

▲（清）佚名 烙煎饼图

煎饼的美妙跃然纸上，引人垂涎。明清之际，煎饼已非仅山东人民喜好食品。在北京城内，也出现了许多卖煎饼者，他们用小米、黄豆加水磨成汁放于盆内，用勺盛至铛上，用小竹耙拨得很薄，烙法很快，以飨市民。[①]

明清时期还出现了许多果实制成的食品。如用莲实制成的藕粉，用蕨菜头制成的蕨粉，用芋头制成的芋粉，用栗子制成的栗子粉，用芡实制成的芡实粉，“匀圆难数，鲜莹净剥”，“粉酥融后，炊来玉暖”。[②]“练玉夋凝，截肪刀腻，嫣红点破。更蔗霜微糁，冰盘盛取。”[③]用荸荠实制成荸荠粉，用土豆制成土豆粉等。凡含有大量淀粉成分的植物性食物，几乎都可以加工制成面粉，而且“蒸透银泥软胜绵，丹瓤和入味逾鲜”[④]。

但若从面粉制品角度说，还是麦子磨成的面粉

---

① 佚名：《北京民间风俗百图》，八十，书目文献出版社，1983年版。

② 黄士珣：《水龙吟·芡糕》，《清词综补》。

③ 汪远孙：《水龙吟·芡糕》，《清词综补》。

④ 吴存楷：《金团》，《江乡节物诗》。

▲（清）卖凉粉 外销画

制品为最多，它们主要分为水煮面食、笼蒸面食、炉烙面食[①]、油炸面食，如“馄饠角子”等[②]。这一时期的面食已将多种制作方法融为一体，追求别致风味。如烫面的“水明角儿”：用一斤白面，逐渐撒入滚汤，不住手搅成稠糊，划作一二十块，冷水浸至雪白，放稻草上，摊出水。豆粉和面糊掺和起来，作薄皮，包馅，再上笼蒸。[③]

烙烤面食，如明中叶山东周村的烧饼，只需用面粉、芝麻仁、食糖或食盐，但由于烤的加工技术精良，才形成了它形圆而薄，口味香酥，正面贴满芝麻仁，背面布满酥孔的特点，以至形成了周村烧饼之脆，落地便成碎片。

还有“烧饼面枣”的独特制法：取头白细面，不拘多少，用稍温水和面极硬剂，再用擀杖押倒，用手逐个做成像鸡蛋一样光滑的饼，用快刀在鸡蛋形面饼的腰部压出一圈一道挨一道的约一颗黄豆直径那样深的细痕，锅里放白沙炕热，然后放入“枣形面饼”，

① 蒋一葵：《长安客话》卷二《皇都杂记·饼》。

② 刘基：《多能鄙事》卷二。

③ 高濂：《遵生八笺》卷十三《饮撰服饰笺·下》。

用白土将其炕熟。假如擀饼着少量的蜜，经过一天也不会干。[1]

煮制面食“扯面”。[2]用少盐入水和面，一斤为率。用盐和面，是为了增加面的韧性。“既匀，沃香油少许，夏月以油单纸微覆一时，冬月则覆一宿。”这是为和好的面团保持一定的温度，软硬合适，利于左右抻拉。余分切如巨擘，渐以两手扯长。这使面分子结构调整到顺纵向排列。“缠络于直指、将指、无名指之间，成为细条”则是反复多次扯拉匀加速运动，使面均匀，拉长拉细。“先作沸汤，随扯随煮，看其熟先浮水面上的面条先捞。”这一“扯面”程序，显示了明代的面食制作已符合科学的物理性能规律。

而且，明代的煮制面食已有许多花样。如陕西关中地区的“臊子面”：将去筋皮骨的嫩猪肉，精肥相半切作骰子块，约量水与酒煮半熟，用胰脂研成的膏油，和酱倾入锅里，再下香椒、砂仁调味，然后加适量清水，再先下肥肉，又次下不带青叶的葱白，临锅

---

① 韩奕：《易牙遗意》卷下。

② 宋诩：《宋氏养生部》卷二。

调绿豆粉作糨……[1]

“臊子面”的关键是擀面。用碱加水和面，待面盘起回性后，反复揉搓，然后擀薄切成长约一米细如韭叶的面条，下入开水锅内，煮熟捞出，再将做好的“肉臊子”浇上，食用。这样做出来的“臊子面”，细长，薄厚均匀，臊子鲜香，红油浮面，汤味酸辣，筋韧爽口。

面点的馅心制作已种类齐全，肉、海鲜、杂粮、蔬菜、水果、干果，甚至药材、花卉也可用来作馅制饼，像枸杞、黄甘菊等。[2]荤、素、咸、甜、酸、辣、生、熟，均可为馅。千变万化的面点馅心，对面点的口味、色泽、形态、营养成分有着极大的改善。

面食制作技术的百花齐放，必然带来面食的繁花似锦：玫瑰花饼[3]；猪肉韭菜饼[4]；果馅饼；果饼顶皮酥[5]；蒸酥点心、细巧油酥饼食散之类[6]；梅桂菊花

---

① 高濂:《遵生八笺》卷十三《饮馔服食·下》。

② 朱彝尊:《食宪鸿秘》上卷《馅料》。

③ 兰陵笑笑生:《金瓶梅词话》第七一回。

④ 兰陵笑笑生:《金瓶梅词话》第七九回。

⑤ 兰陵笑笑生:《金瓶梅词话》第四一回。

⑥ 兰陵笑笑生:《金瓶梅词话》第四三回。

卖太阳糕

卖豌豆黄

▶（清）各色街头小吃 外销画

卖甑糕

卖月饼

饼[①]；果馅团圆饼[②]；韭盒儿、黄芽韭菜肉包一寸大的水角儿；风香蜜饼[③]；顶皮饼、松花饼、玫瑰搽穰卷儿[④]；玫瑰鹅油烫面蒸饼儿[⑤]；蒸煠饼馓[⑥]；可以卷各样菜蔬肉丝的赛团圆，如明月、薄如纸、白如雪、香甜可口；酥油和蜜饯、麻椒、盐荷荷细饼[⑦]；顶皮酥玫瑰饼[⑧]；酥油松饼[⑨]；葱花羊肉一寸的扁食儿[⑩]；春不老蒸饼[⑪]；豆腐皮包子[⑫]；鸡油卷儿[⑬]；油炸螃蟹小饺儿[⑭]；松穰鹅油卷[⑮]；奶油炸的各色小果子[⑯]；瓜仁油松穰月饼；[⑰]

---

① 兰陵笑笑生:《金瓶梅词话》第十七回。
② 兰陵笑笑生:《金瓶梅词话》第四二回。
③ 兰陵笑笑生:《金瓶梅词话》第七七回。
④ 兰陵笑笑生:《金瓶梅词话》第三九回。
⑤ 兰陵笑笑生:《金瓶梅词话》第六七回。
⑥ 兰陵笑笑生:《金瓶梅词话》第八四回。
⑦ 兰陵笑笑生:《金瓶梅词话》第五九回。
⑧ 兰陵笑笑生:《金瓶梅词话》第九五回。
⑨ 兰陵笑笑生:《金瓶梅词话》第四二回。
⑩ 兰陵笑笑生:《金瓶梅词话》第十六回。
⑪ 兰陵笑笑生:《金瓶梅词话》第二二回。
⑫ 曹雪芹、高鹗:《红楼梦》第八回。
⑬ 曹雪芹、高鹗:《红楼梦》第三九回。
⑭ 曹雪芹、高鹗:《红楼梦》第四一回。
⑮ 曹雪芹、高鹗:《红楼梦》第四一回。
⑯ 曹雪芹、高鹗:《红楼梦》第四二回。
⑰ 曹雪芹、高鹗:《红楼梦》第七六回。

银丝挂面[1]……

在这些面点中，油酥点心占很大比重。其特点是：体积疏松，色泽美观，口味酥香，营养丰富。这是由于采取了油酥面团制成。像扬州胡桃那样大，手捺不盈半寸，放松仍然高高隆起的小馒头，主要就在于发酵面团上。陶方伯的“十景点心”等，之所以香松柔腻，迥异寻常，五色纷披，食之皆甘，也是因为用了山东的热油炒成的“熟油酥面团”[2]。

这类面点一般是由油酥面和水油酥面两块面团组成。也就是说可以有生面、蒸面、脂油加以温水调和，包在一起。[3]可互相间隔，可分层，可起酥。这样调制出来的面团，在制成品时，既容易成形，制作加热也不散开，酥松适口，并出现了一层一层的层次。

如明清时期上海地区烘烤的酥面层间非常均匀的“千层烧饼”，即是用油和面作酥，杂水调白面，里

---

① 曹雪芹、高鹗：《红楼梦》第六二回。

② 袁枚：《随园食单·点心单》。

③ 朱彝尊：《食宪鸿秘》上卷《饵之属》。

面放葱脂或白糖，外面抹饧，黏芝麻在上面。[1]又如清乾隆年间陕西宁强县王记福兴老号的核桃烧饼：先在蒸熟的面粉内加入菜籽油拌匀，成为油面，然后在面粉里加入油面、碱面、酵面，用将滚滚泛起如鱼眼水泡的“鱼眼水”和成面团，将核桃仁用火焙熟，去皮，加入精盐捣碎成泥状，制成细至出油的核桃泥，再取面团加入核桃泥和匀，揪成剂子，擀成长条，抹上核桃泥，卷成圆柱形，用刀顺长剖成两块，里层向外卷，下上再挂上核桃泥和菜籽油，用圆木棰从中间向外压成凹形，再用木炭火烘烤而成。[2]

油酥面团技术的广泛运用，形成了花色繁多的酥点，像双钱酥、泗桃酥、杏仁酥、荤印稣、素印酥、麻酥、百合酥、广酥等。[3]类似这样的小食品在明清的俗语中称为“点心”[4]。多半在午前、午后食用。[5]

而且，“食点心者，非富贵之人，即劳动者

① 《嘉定县续志·饮馔之属》，民国十九年修铅印本。

② 吴国栋：《地方风味集锦》，《王家核桃烧饼》，中国商业出版社，1985年版。

③ 《南汇县续志·饮馔之属》。

④ 金埴：《不下带编》卷五。

⑤ 梁绍壬：《两般秋雨庵随笔》卷七《点心》。

也”[1]。一般人家招待客人，往往是拿出一碟子干糕，一碟子檀香饼来。[2] 捧出的“汤点”是一大盘实心馒头，一盘油煎的杠子火烧。席面所上的两盘“点心”，是一盘猪肉心的烧卖，一盘鹅油糖蒸的饺儿。[3]

由此看来，“点心”在明清时已成为人们生活中不可缺少的食品。清代的食谱就将面食统统纳入“点心”，这就使“点心”的内含扩大了许多。同时也反映出了食品的制作技术已千姿百态，如面饼，较为著名的就可达45种之多：

油鏇饼、晋府千层油鏇饼、荤烙饼、素烙饼、油糖酥饼、刘方伯月饼、水晶月饼、素月饼、薄脆饼、糖薄脆饼、锅块饼、裹馅饼、甘露饼、复炉饼、阁老饼、神仙饼、神仙富贵饼、椒盐饼、素油饼、酥油饼、芝麻饼、黑色芝麻饼、春色糖饼、内府玫瑰

---

① 徐珂：《清稗类钞》第十三册《饮食类》。

② 兰陵笑笑生：《金瓶梅词话》，第五四回，人民文学出版社，1985年版。

③ 吴敬梓：《儒林外史》，第二回、第十回，上海古籍出版社，1984年版。

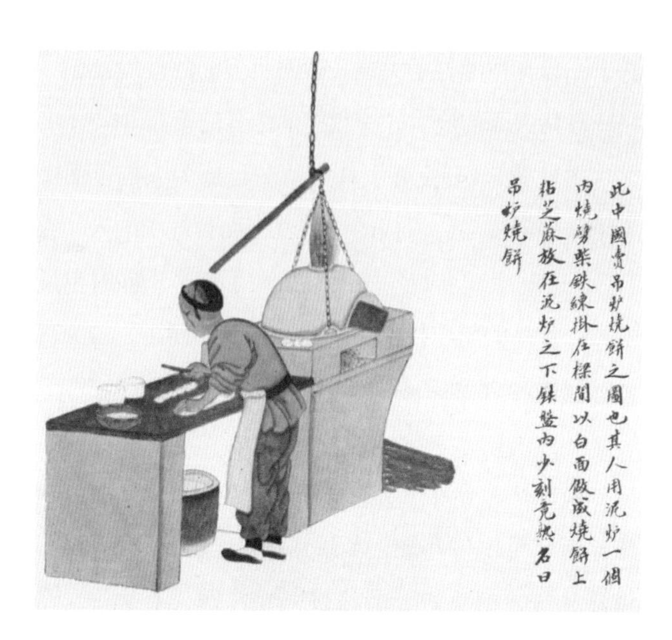
此中國賣吊炉燒餅之圖也其人用泥炉一個
内燒劈柴鉄練掛在樑間以白面做成燒餅上
粘芝蔴放在泥炉之下鉄盤内少刻竟熱名曰
吊炉燒餅

▶（清）卖吊炉烧饼

糖饼、薄荷饼、菊花饼、揉糖饼、韭饼、肉饼、肉油饼、雪花饼、元宵饼、春饼、荞麦饼、松饼、蓑衣饼、薄饼、西洋饼、饽饽、满洲饽饽、薄锅饼、油饼、油墩饼、金钱饼、烧饼。[①]

点心制品在明清面食中所占地位的重要，是前代所罕见的。明清宫廷内专设了制作点心的机构，像明代的“点心局”[②]，清代的内、外饽饽房。尤以内饽饽房人员齐整——三十名内管领轮班值日，设仓长一人，副仓长二人。仓上人十二名，饽饽厨役四十名，苏拉四名。每日恭备。

皇帝早晚随膳的饽饽是八盘，皇后早晚随膳的饽饽是四盘。制饽饽所需原料是：米、面豆粉、麦粉、糖、蜜、盐、芝麻、桃仁、西葡萄、枣、栗等。[③]饽饽的品种有：硬面饽饽、发面饽饽、杠子饽饽、�子饽饽、实子儿饽饽等。[④]

---

① 童岳荐：《调鼎集》卷九《点心部》。

② 刘若愚：《酌中志》卷十四《客魏始末纪略》。

③《大清会典》卷九五《内务府》。

④ 姚元之：《竹叶亭杂记》卷七。

归其制法主要有两种。一种是上好干白面一斤，先取起六两和油四两，同面和作一大块揉得极熟，下剩面十两，配油二两，添水下去，和作一大块。揉匀，才将前后两面合作一块，摊开再合，再摊，如此十数遍，再作小块子摊开，包馅下炉熨之，即为上好饽饽。

做满洲饽饽的方法是：外皮，每白面一斤，配四两猪油，四雨滚水，搅匀，用手摽至越多越好，内面每一斤白面配半斤猪油，揉极熟，以不硬不软为度，才将前后两面合成一大块，揉匀摊开打卷，切作小块摊开，包核桃肉之类的馅。① 这种饽饽是很脍炙人口的，有一诗句曾十分生动地说明了清代大臣是如何喜欢饽饽的："侍臣尚未从容退，且等朝盘饽饽来。" ②

由于北京是全国首善之区，民间的点心制作也很精致。明穆宗就非常喜欢吃北京点心铺制作的果饼，甚至对其价格都一清二楚。③ 这就从另一方面告

---

① 李化楠：《醒园录》卷下《做饽饽法·做满洲饽饽法》。

② 柳得恭：《滦阳录》卷一《饽饽》。

③ 沈德符：《万历野获编·补遗》卷一《穆宗仁俭》。

诉了我们，明代北京的点心制作已不同凡响。尤为清代，北京点心制作涌现出了优秀代表者——像增合楼的“咧子饽饽”、王庆斋的“炕子饽饽”、西宝斋的“排岔麻花”、滋兰斋的“南点心”、宝兴斋的“奶油点心”、和兴斋的“鲜玫瑰饼”、东大兴的“大八件”、天鹿斋的“小八件”、域盛斋的“素点心”[①]……

据传，创建于明中叶的“正明斋”点心铺[②]，发展至清代，已充分吸取了南、北、荤、素等各种点心的精华，融汇了汉、蒙、满、藏民族食品的特点，以选料考究、制作精细、形象鲜明、色泽艳丽而著称于全国。它所制作的豆沙饼、奶皮饼、蜜供、套环、杏仁酥、杏仁干粮、白酥、黄酥、枣泥饼等，成为贵族、百姓喜庆宴寿的上乘食品。

另一“致美斋”点心铺，以制作的萝卜丝小饼、闷炉小烧饼、炸春卷而闻名。特别是橄榄形、长二寸许、两端尖、用油和面烤成，其酥无比的肉角儿。[③]

---

① 李虹若：《朝市丛载》卷五《食品》。

② 北京市第二商业局教育处：《北京特味食品老店》，中国食品出版社，1987年版。

③ 崇彝：《道咸以来朝野杂记》，石继昌点校抄本。

在点心制作中，自宋元以来的月饼制作，开始进入了定型时期。自明代起，每至中秋时节，北京地区的老百姓皆造大小不等的面饼并呼之为月饼，互相赠送。点心肆店则用果为馅，制出巧名异状的月饼，有的一个月饼竟值数百钱。[①]清代“致美斋”所制的月饼又大又厚，可以放入十三种馅料。而且除北京以外的地方的月饼制作，已不分中秋，其他时令也有人去点心铺定做冰糖芝麻桃仁之类的月饼。[②]

清代的“满洲点心”制作于嘉庆年间达到了全盛，“踵事增华不可言”[③]。其中代表为用麻油炸过的细粉，和蜜糖连成方块，并用枸杞子蘸成的“萨其马”[④]。它在制作过程最后两道工序中，是切成方块，一块块码起来。切，满语叫“萨其非”，码，满语叫“马拉木壁”，两语加在一起，即叫“萨其马”。由于它是用糖、奶油和面做成，形如糯米，用木炭烘炉烤

---

① 沈榜：《宛署杂记》第十七卷《上字·民风一》。

② 刘鹗：《老残游记》，第十八回，人民文学出版社，1957年版。

③ 得硕亭：《草珠一串·饮食》，荫堂氏抄本。

④ 关德栋：《释萨其马》，见《烹饪史话》，中国商业出版社，1986年版。

熟，甜腻可食，所以深受满族人民的喜爱。清中叶以来，满汉杂居，习俗互融，“萨其马”也成了汉族人民所喜爱吃的点心。

由于点心制作技术的多样而又精湛，至清代，点心已成为国家供享神灵、祭祀宗庙，以及内廷殿试、外藩筵宴、佛前素设，满汉僧道所必用，喜筵桌张、冠婚丧礼而不可缺少的。点心在饮食生活中占有举足轻重的地位，所以清代北京点心行大张旗鼓地提出：给点心发展以勉励……[1]

① 李华：《明清以来北京工商会馆碑刻选编·马神庙糖饼行行规碑》，道光二十八年。

明清可以入“调饪类”的调味品种很多，如茴香、缩砂密（即砂仁）、廉姜、山姜、高良姜、酸角、山胡椒、芥辣、桂皮等。特别是善于饮食的贵族之家，尤重香料“取味”——在制豆豉时，拌入杏、姜、桂等香料，以求豆豉的香气殊味。（冒辟疆：《影梅庵忆语》，《赐砚堂丛书新编·丁集》中）

作为日用食品的盐，较其他食品倍受明清政府控制，形成了固定的产地和销售区域。从乾隆十八年（1753）全国共征收五百五十六万五百四十余两盐税看，人民对盐的需求量是很大的。盐的品种也很齐全，有海盐、池盐、井盐、土盐、崖盐和砂石盐等6种。

明清油的范围是很宽泛的，凡草木、豆果蔬菜之实不能酿酒的，均可榨油，故油类不一。（章穆：《调疾饮食辩》卷一《油》）但主要是花生油、椰子油、糟油，以黄豆油为食用油居多数。菜籽压榨为菜油、又名香油，芝麻磨为麻油、小磨者更香，俱宜和羹。（徐缙、杨廷：《崇川咫闻录》卷一一）

醋的制作已深入一般农家，每逢清明之际都要酿作自用。明清宫廷也设立了专门制造醋的机构。明代已有陈酿、老米醋、莲花醋和小麦醋等优良醋品。

明清时期甘蔗的种植迅速增加，在广东等地，蔗田面积几乎与稻田相等。（范端昂：《粤中见闻》卷二一《蔗》）像台湾竟依靠蔗糖资生，四方奔趋图息，莫此为甚。（黄叔璥：《台海使槎录》卷一）糖的种类有白砂糖、黑片糖、黄片糖、赤砂糖、冰糖等，许多食谱中出现了数量和花样繁多的甜食。

明代安徽祁门地区的黟县已有夏、秋间醢腐，令变色生毛的腐乳的记录，从而传递出了明清人民利用微生物发酵作用生产美味的信息。王致和臭豆腐、广西白腐乳成为腐乳家族中的佼佼者。

明清酱油多用豆子制作，但制法各有不同，有的是将未成熟的豆酱，置于炕席上，使其渗出“油”来，将油继续晒制，即得“铺淋酱油”。又如在稀酱缸中置入一个带网的滤框，从框中取出渗出的“青酱油”。

中国调味品的主要样式在明清基本成熟。

明清时期的调味品，大体上可分为碱味类、酸味类、甜味类、鲜味类、辣味类、异香味类、苦味类七种，如食糖、盐、醋、酱油、油等。

食用油

明清时期的油类主要是从植物里制取的植物油和从动物体里制取的脂肪油两大类。脂肪油主要有猪油、牛油、羊油、鸡油和鸭油等，不是烹饪常用油。

植物油概念较宽泛，清代有一油理论：凡是草木、豆果、蔬菜果实不能酿酒的，均可以榨油。[1]实际烹饪常用食油主要是芝麻油、豆油、花生油、菜籽油等。如明代常用食油为胡麻油、萝卜籽油、黄豆油、松菜籽油、苏麻油、芸苔子油、茶油、苋菜子

---

① 章穆：《调疾饮食辩》第一卷《油》。

桕皮油及諸芸薹胡麻皆同

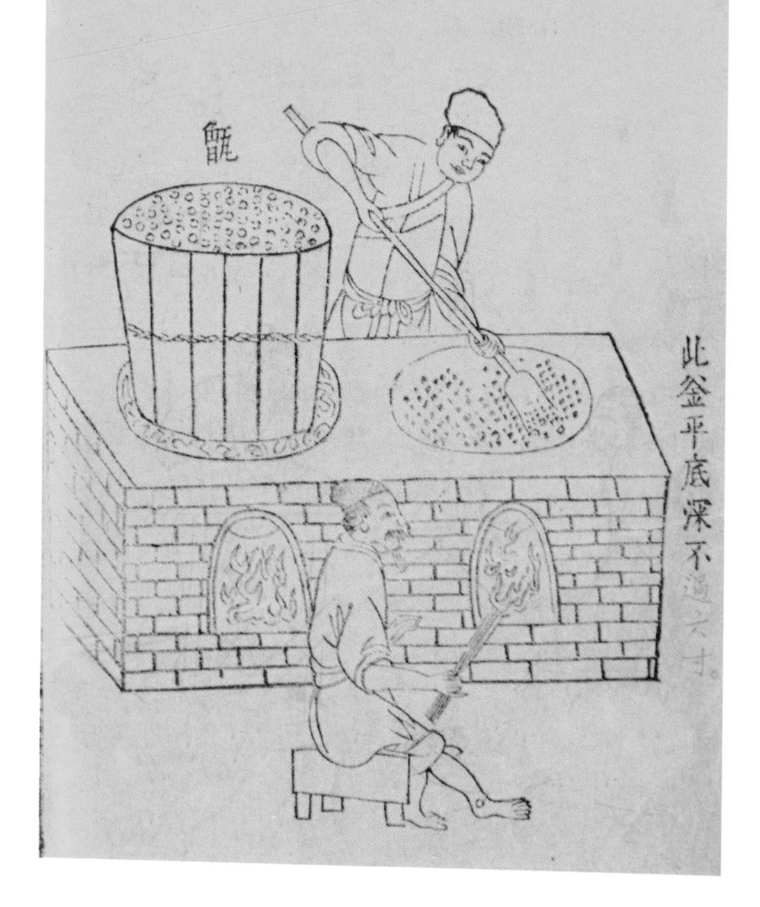

油、大麻仁油等。[1]但各地因植物生长不一，食油就不同，像广东多茶子树，人们便用茶子油，客人来了把这种油煎食物献上。琼州文昌多山柚油、海棠油、山竹果油，儋州多麻子油，都是很好吃的。东莞有榄仁油、菜油、吉贝仁油、火麻子油、白茶油、山茶油、秧油等。[2]

清代福建各地都产茶子、桐子、菜子，兴化、福清产落花生及各种豆子。故福建各地都设油厂，榨茶子为茶油，麻子为麻油，菜子为菜油，落花生为生油，各种豆子为豆油。以上五种，为食用油，品格则是茶油为上，豆油为下。[3]福州下江洲地，还遍种芸苔，有红、白两种，为的是榨油。

有的地方还结合本地特产制油。如云南蒙化的

◀（明）宋应星　天工开物·炼油

① 宋应星：《天工开物》卷上《膏液第五》。
② 屈大均：《广东新语》卷十四《食语·油》。
③ 郭柏苍：《闽产录异》卷一《谷属·油》。

“椒油”，色碧如泉，香气与兰花没有什么两样。放在蔬菜中吃，含沁肺腑，甚至连溲尿都是香的，因此有了这最适合美妇人吃的说法。[①]

还有江南的“糟油”。它是用白糯米浸水蒸熟后，加进甜酒药，入缸发酵，初步制成甜糟十斤，再用五斤麻油，二斤八两上盐，花椒一两，拌匀。先将空瓶用稀布扎口，贮瓮内，后入糟封固，数月后，空瓶沥满，非常甘美。还有白甜酒糟（连酒在内不榨者）五斤，酱油二斤，花椒五钱，入锅烧滚，放冷，滤净，与用瓶子在糟中沥出的糟油没什么两样。[②]

这是明代江苏太仓糟油的两种生产工艺方法，也是我国最早的糟油生产的科学依据。它使糟油形成了这样的特色：解腥气，提鲜味；开胃口，增食欲。而且久藏不坏，食用方便。不论红烧清炖，或冷拌热炒的荤素菜肴，放入少许，就能增加鲜美的口味。

---

① 缪艮：《涂说》卷四《椒油》。

② 朱彝尊：《食宪鸿秘》上卷《酱之属》。

▲（清）佚名 卖油 外销画

酱油

明代还有“铺淋酱油”，就是当酱尚未成熟之前，把它置于炕席上，使其渗出“油”来，将油继续晒制，即得“铺淋酱油”。创建于明嘉靖九年（1530）的北京“六必居”，就有这种“铺淋酱油”。其生产工艺是：把铺搭好，摆一层竹竿，把新苇席摆在竹竿上，再把已泡成熟用来开耙打酱的酱曲放在席上，使酱液渗到席下的铺上，再由铺上淋到缸里，然后把淋出来的酱油放在阳光下晒制，自然发酵，一般要晒五六个月才出成品。其品质有浓厚的酱香味，呈黑红色。汁浓度以挂碗为佳，味道鲜美、柔和、醇厚。

与此对应的是明代南京的造酱油法。每一斗大黄豆，用二十斤好面。先将豆煮，下水以豆上一掌为度，煮熟摊冷，汁存下，将豆、面用大盆调匀，干以汁浇，使豆、面与汁俱尽，和成颗粒，摊在门片上，下俱用芦席铺，豆黄在中间腌着，再用夹被搭盖，发热后去被。三天后，去豆上席。至七天取出，用单布被摊晒，第二个七天晒干，灰末霉生，但却不要扔、洗。下时，每一斤豆黄，用筛净盐一斤，六斤新汲的冷井水，搅匀，日晒夜露，直至晒熟能用才行。用篾筛隔下，取汁淀清就可以使了。其未及“浑脚”，可照前面制法，加一半盐，一半水，再晒制出酱油来。①

明代还有一种大麦酱油制法：用一斗炒熟的黑豆，水浸半日，煮烂，拌匀二十斤大麦面，筛下面，用煮豆汁和剂切片，蒸熟黄，晒捣。每一斗，入二斤盐，八斤井水，成品“黑甜而汁清”，其汁液为酱油。②

明代还有直接从稀酱中提取酱油的方法，即在酱缸中置入一个带网的滤框，从框中取出渗出的酱油，这就是“青酱”③。

清代的制酱油法更为详尽。如霉好的一斗酱黄，先用井水五斗量准，注入缸内，再每斗酱黄用盐十五斤称足，酱盐盛在竹篮内或竹淘箩内，在水内溶化入缸，去其底下渣滓，然后将酱黄入缸，晒三日，至

---

① 戴羲：《养余月令》，中华书局，1956年铅印本。

② 姚可成补辑：《食物本草》卷十五《味部一·酱》。

③ 尹桂茂等：《味苑》第七章《酱油篇》。

第四日早晨用扒兜底掏转（晒热时切不可动），又过两天，像这种方法再打转，如是者三四次，晒至二十天即成“清酱”。[1]

还有一种黄豆与黑豆共制的酱油，方法是将煮焖的黄豆、黑豆入白面，连豆汁揣和，使硬或为饼，成为窝。青蒿盖住，发黄磨末。入盐汤，晒成酱。用竹篾挣缸下半截，贮酱在上面，沥下的是酱油。也可“急就”制酱油：用五升麦麸，三升麦面，共炒成红黄色，用十斤盐水，合晒，可淋出酱油。[2]

明清之际，“酱油”的称呼已较为常见。这一时期，有的县志，已有酱油是从酱中取其汁液而得的明确记载。[3]“清酱即酱油”的记载，在清代的地方志中屡见不鲜。[4]酱油的品种已有多种：苏州酱油、扬州酱油、蚕豆酱油、套油、白酱油、麦酱油、花椒酱油、麸皮酱油、米酱油、小麦酱油、黑豆酱油、黄豆酱油、千里酱油、虾热酱油……

---

① 李化楠：《醒园录》卷上《做清酱法》。

② 顾仲：《养小录》卷上《酱之属》。

③ 据明代修订《上虞县志》卷二八《有其记》。

④ 清《归安县志》《顺天府志》等均有其记。

从酱油酿造技术角度看，明清时豆、麦相混的酿造法，采取的是天然晒露，即利用空气中的微生物，使其自然成曲，酿制成为酱油。这种用煮烂的豆，或可称为“霉好的酱黄”，又加入干面粉而融合豆、麦风味的酱油，以其独特的“酱香味”，在当时世界调味品的家族里，增添了一道奇异的景观。

醋

与酱油并重的是醋。如明清时期的北京，就有黑醋、白酱油的并列称呼。[①]

自明代起，宫廷内就设有“酒醋房”，专造醋等。造一份一千一百斤的醋，需用南糯米七斗二升，小黄米、白米各一石四斗四升。面麸七石一斗二升，红谷糖十四石二斗四升，大淮曲四十块，盐四十斤。这是因为皇宫所需调味品量很大，仅皇室一人每天所需醋就达五两，外用醋达一斤十一两。[②]

普通老百姓家，也可制醋自用。如山东农民的制

---

① 严辰:《忆京都词》,《墨花吟馆文钞》。

②《大清会典》卷九五《内务府·备其醯酱酒醴》。

醋法：在冬天就用二斗黄米做酒，照常使曲，到寒食节前五六天，榨酒取糟，再磨二斗蜀米，做坯晾冷，加好曲面三升，同糟拌匀，像发麸面形状，入瓮按实，盖上。等它发裂纹，再消下去，用麸培二指厚，上用糯稻糠培三指厚，盖严。坯要干，不能稀。[①]

明代社会上流传各式造醋方。其中简易的“造七醋”方是：用五斗黄陈仓米，浸七夜。每天换一次水，至七天时做熟饭，乘热入瓮，按平，封闭。第二天翻转，至第七天再翻转，倾入三担井水，又封。第一个七日搅一遍再封，第二个七日再搅，至第三个七日就成好醋了。[②]

“造麦麸醋”方是：每一斗麦麸，用七斤清酒拌和，要十分停匀；先用一二盒陈米，煮作稀粥汤，等麸糟停匀了，再以粥汤拌匀和，使干湿能够达到捻则成团，打则开散为度，如捻米成团，再加少量米汤，装满蒲篓，上下四面厚用稻草盖坞，频频伺候到大热时，翻转蒲篓，再坞，伺热再翻，如此三四次，过

① 丁宜曾：《农圃便览·春·做醋脚》。
② 邝璠：《便民图纂》卷十五《制造类》。

两夜即熟，如一二夜，不熟用一碗陈米炊熟饭，团放蒲篓内，便热了。一口小缸攒一窍，布塞定，把蒲篓放在缸内，入滚汤浸一夜或半天，拔塞，放出来的就是醋了。[1]

这些制醋方，只不过是食醋中的几种。明清食醋较为著名的已有许多：懒妇醋、松台醋、三年酽醋、陈酿老米醋、莲花醋、四川保宁药醋、镇江金山香醋、神仙醋、佛醋、糯米醋、大麦醋、乌梅醋、五辣醋、五香醋、白酒醋、绍兴酒做醋、浓醋脚、二落醋糟、焦饭醋、米醋、极酸醋、饧醋、粟米醋、小麦醋……

食醋品种之所以多于酱油，一个主要原因是食醋作为调味品的价值，日益被人们所认识。如在食用飞禽走兽、山珍海味时，要去掉腥臊气味，提高食物的醇香味，煎、炒、烹、炸、熘、烧、焖、炖，都需要加醋去提味、醒味，以增加食欲。醋还可杀鱼肉菌蘑中的各种毒素。[2]

---

① 佚名：《墨娥小录》卷三《饮膳集珍》。

② 黄宫绣：《本草求真》卷七《平泻》。

现代医学认为醋可以软化肉的纤维使肉软嫩，溶解动物骨骼和食物中的钙质。其酸度可使蔬菜维持原有的颜色。炒菜加醋可减少维生素 B 的损失。正像清代学者所总结的食醋具有开胃、养肝、强筋、暖骨、醒酒、消食、下气、解鱼蟹鳞介诸毒等多种功效。[1]

食醋的这些特点，以山西“老陈醋”为代表。它是由介休县籍人王来福在清顺治年间首创。据说，夏天，在清源县他开办的“美和居”院内堆着醋缸，任凭风吹日晒；冬天又怕醋缸冻破，每天从缸中捞冰块。但却发现夏伏晒、冬捞冰的醋，酸味特大，风味特好，遂叫“老陈醋”。

应该说，这仅仅是“老陈醋”的表象。“老陈醋”的成功主要在于选择了优质的高粱和天然的优良井水为原料，加多菌种大曲，入缸稀态酒精发酵，成熟酒醪拌谷糠曲皮，转入醋酸发酵。成熟醋坯加盐养，并把残余的糖分和纤维素在酸的作用下，氧化成焦糖，然后经过室外的夏日晒夜露、冬捞冰陈酿发酵处理，

---

① 王士雄：《随息居饮食谱》，调和类第三。

才成其为绵酸、醇厚、味香、色褐的“老陈醋”。[①]

这种“老陈醋”的出现，是在明末清初。当时太原府和清徐县一带村镇，到处都是酿醋的作坊。但有史可证，酿醋工艺早于明末清初，可“老陈醋”是清代才正式兴旺起来的。因为当年宁化府的“益元庆”醋坊，使用过的一个巨大的蒸料铁甑桶，桶壁铸有“嘉庆二十年七月吉日铸造”字样。[②]这是不争的史实。

食盐

明清的食盐种类，通常分为海盐、池盐、井盐、卤盐、崖盐五种，也有加砂石盐为六种的。这还不算东北、西北少数民族地区的树叶盐、光明盐在内。在数量上，海盐占十分之八，余二为井盐、池盐、碱盐。[③]

海盐是取海水煎炼成的，主要分布在辽、蓟、山

---

① 谭学良：《浅析山西醋的传统工艺和风格》，载《首届中国饮食文化国际研讨会论文集》。

② 惠金义：《山西人与山西醋》，载《旅游》，1986（6）。

③ 宋应星：《天工开物》卷上《作咸第三》。

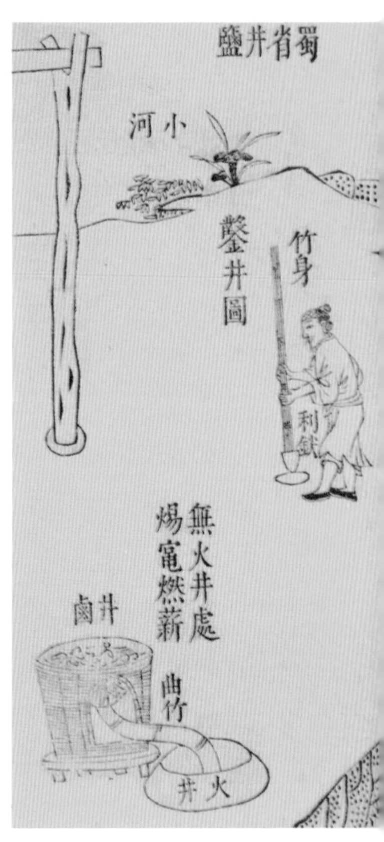

▲（明）宋应星 天工开物·作咸
海盐（左）与井盐（右）的制作

东、两淮、浙、闽、广南；井盐是取井水煎炼成的，主要分布在四川、云南、贵州；池盐出于宁夏、山西，是疏卤池为畦，引池水注入，候南风大起，一夜结成；海丰、深州则引海水入池晒成；河北等地都是碱盐，即刮取碱土煎炼成盐；陕西的阶州、凤县等地，出的都是崖盐，即生于土崖之间，状如白矾，又叫生盐的盐。“上供国课，下溶民用”的主要是这五种盐。[①]

食盐分布很广，凡是沿海及有池、井的地方，都任民众开辟为盐场，置灶开畦制造盐再卖给商人。如濮州就是多碱卤之地，可煮盐，有一商人经销盐而致富。[②]光四川驿盐道所盐井就有七千七百多，清乾隆十八年（1753）这一年，全国总共行销买卖食盐的凭照，数额就达6384231引。[③]

食盐数量如此之多，这是因为吃盐的人也多。人们已认识到“吃盐可以坚肌骨，杀虫，调和脏腑，消宿食，令人壮健，特别是盐可以滋五味”，也可

---

① 姚可成补辑:《食物本草》卷十六《味部二》。
②《康熙濮州志》卷四《货殖传》。
③ 章穆:《调疾饮食辩》第一卷《总类·盐》。

为“百病之主”。因此有人编造出鬼怪都怕食盐的故事——清代山东诸城殷家村闹鬼，有一盐贩路过遇见，慌张之中取盐撒在地上，鬼怪见盐逡巡退缩了。[1]

剔除对食盐的迷信成分，加以现代科学研究可知，明清时期人们对食盐的大部分认识，是符合科学道理的。更为重要的是食盐不仅能刺激人的味觉，增加人的唾液和胃液的分泌，引起食欲。还有杀菌、消毒、脱水等作用，如果人体严重缺乏食盐，会导致肌肉收缩、弹性等功能发生障碍，会使人感到全身软弱无力，特别容易产生疲劳。

明清时期广东食盐的事例就是最好的证明。广东有生盐、熟盐两种，熟盐产归德等场，成于火煎，性柔易融化，味咸而甘，便于调和，水上居民喜欢吃。生盐产淡水等场，成于日晒，性刚耐久，其味倍咸，吃了长力气，山上居民喜欢吃。[2]

尤其是在烹调中，全靠食盐起调和作用。如明代

① 袁枚：《续子不语》卷八《黑青畏盐》。

② 屈大均：《广东新语》卷十四《食语》。

的油炒鹅、酒烹鹅、烧鹅、油爆鹅、熟鹅鲊、生鹅鲊等，味道之所以鲜美，均离不开盐的调和。[1] 食盐还多使用于原料烹调前的初加工中，以使原料的营养成分少受损失，可去杂质，清除邪味。这在明清的烹调菜肴中是最为常见的现象。

糖

明清时期另一调味品糖，亦如盐一样，有了新的飞跃。它表现在主要产蔗地虽仍是广东、福建、台湾，但明崇祯时，台湾的蔗田已占稻田的三分之一，砂糖的年产量达一百七十余万斤。清康熙末年，台湾糖产量已达一亿斤。[2]

在相当长的时间里，糖并不是人民须臾不可缺少的生活必需品，而是体小价高的奢侈品。可是在明清时期由于糖的产量猛增，特别是在明嘉靖年间发明了白糖[3]，使糖的商品性更为鲜明，充溢于市场上：

---

① 宋诩：《竹屿山房杂部》卷三《养生部》。

② 黄叔璥：《台海使槎录》卷三。

③ 周正庆：《中国糖业的发展与社会生活研究》，上海古籍出版社，2006 年版。

▲（明）文俶 金石昆虫草木状 万历彩绘本
糖的制作

“最白者以日曝之，细若粉雪，售于东西二洋，次白者售于天下。”[①]

“雷（州）之乌糖，其行不远；白糖则货至苏州、天津等处。”[②]

“琼（州）之糖，其行至远，白糖则货至苏州、天津等处。”[③]

潮阳的黄糖、白糖，装船运往嘉兴、松江、苏州，易布及棉花。[④]澄海的糖，“有自行货者，有居以待价者，候三、四月好南风，租舶艚船装所货糖包，由海道上苏州、天津”[⑤]。这些糖，都是作为大宗商品而越洋而北运而易布，表明市场需要糖的迫切性。在明代的小县城里，都可以看到挑糖叫卖小贩的身影，表明了民间买卖糖的活跃性。[⑥]

在明清宫廷，糖也是非常受欢迎的一种调味食

---

① 李调元：《南越笔记》卷十四。

②《嘉庆雷州府志》卷二。

③《道光琼州府志》卷五。

④《嘉庆潮阳县志》卷十一。

⑤《嘉庆澄海县志》卷六。

⑥ 凌濛初：《二刻拍案惊奇》卷二五，上海古籍出版社，1983年版。

品，两代均设“甜食房”。[1] 用量非常大，清宫一年仅糖一项就要花费银子一万四五千两不等，购糖的品种也很多，有盆糖、冰糖、八宝糖、核桃缠糖、白糖、黑糖等。[2] 在明代，皇太子纳妃仪式中，就用茶缠糖、胡桃缠糖、芝麻缠糖、砂仁缠糖，作“纳征礼物”。[3]

而且，明清宫廷糖的花色较之民间更为精致，有“雪乳冰糖巧簇新”之誉。[4] 突出的如“金戗菱花合钿螺，冰糖虎眼杂丝绢”。此糖制如扁蛋、外光，面有二凹，咀嚼粉碎，散落皆成丝。每到上元节时装进银碗盒子饷人。[5] 这种制丝绢虎眼糖法，是不准外传的，只供御用，兼备赏赐各宫及大臣。[6]

---

① 秦徵兰：《天启宫词一百首》，载《明宫词》，北京古籍出版社，1984年版。

②《大清会典》卷九五《掌供仓储之物用》。

③《明会典》卷六八《礼部·十六》。

④ 王世贞：《弘治宫词十二首》，见《明宫词》，北京古籍出版社，1984年版。

⑤ 毛奇龄：《唐多令·咏窝丝糖》《清名家词》，1936年开明书店排印本。

⑥ 蒋之翘：《天启宫词一百三十六首》，见《明宫词》，北京古籍出版社，1984年版。

有人专就此写诗感叹："尚膳偏珍虎眼糖，民间不许擅传芳。每缘太监私还第，袖与家人暂一尝。"[①]但清代却比明代开放，街市上可以买到这种"窝丝糖"了，"十分崖蜜三分脆，更胜枣儿堪嗜"，"都城风俗，卖取胶牙齿"。[②]这显然与清代产糖多有关，正像有人所说的："北地而今兴缠果，无物不可用糖粘。"[③]

明清的糖品已到了样样俱全的地步。冰糖、响糖、凉糖、麻糖、砂糖、蜜糖、水晶糖、葱管糖，在明代已均备。[④]至迟在明万历前期，即 1593 年以前就能用白砂糖、果仁、橘皮、缩砂、薄荷等制成"缠糖"，和用白砂糖、牛乳、酥、酪等制成"乳糖"，[⑤]以及用冰糖和奶酪制成"带骨鲍螺"。南方还创制了

---

① 唐宇昭：《拟故宫词四十首》，载《明宫词》，北京古籍出版社，1984 年版。

② 尤侗：《摸鱼儿·咏窝丝糖》《清名家词》，1936 年开明书店排印本。

③ 蒲松龄：《日用杂字·饮食章》，载《聊斋文集》。

④ 陆次云：《新刻徽郡原板诸书直音世事通考》卷下《果品类》。

⑤ 李时珍：《本草纲目》卷三三。

▲（清）佚名 卖糖葫芦 外销画

果料淀粉软糖，如南京山楂糖。[①]

特别是苏州软糖，是利用淀粉糊化糖浆的糯软特性和各种果仁的松、软、香、酥等特征，手工操作，制成的色泽鲜艳、口感香软的加香料的各式果料糖。还有清代用饴糖和蔗糖掺和一起制成的粽子糖果，样式有器物、果品、蔬菜等，小巧玲珑、色彩鲜美，成为具有特殊风格的传统产品。[②]也正是在清代，第一次出现了“糖果”的名称。[③]

清代糖的品种更加齐全。以广东为例，市肆上有茧糖，即窝丝糖，炼成条子玲珑的“糖通”，吹空的“吹糖”，实心的小糖粒，大糖瓜，铸成人物、鸟兽形状的“飨糖”，用于祀灶、吉凶礼节的“糖砖”，宴请客人的糖果有芝麻糖、牛皮糖、秀糖、葱糖、乌糖等。

葱糖又称潮阳，极白无滓，入口酥酥如沃雪。秀糖最好的是东莞，糖通最好的是广州。乌糖是用黑糖烹成白色，又用鸭蛋清搅，使渣滓上浮，精英下结。

---

① 张岱：《陶庵梦忆》卷四《方物》。

② 李治寰：《中国食糖史稿》第七章，农业出版社，1990年版。

③《李煦奏折》第四十。

据传这个方法还是唐太宗使贡使所传。一般说来，广州人家饮馔多用糖，糖户个个晒糖，用漏滴去水，仓囤储备。春糖分与蔗农种，冬收其糖利。旧糖未消，新糖又积，开糖房的人很多都富了起来。

还有，在广东大庾方向，溪谷村墟之间，每处都有梅，结子繁如北杏，味不太酸，用糖渍可以吃。在广东东部嫁女无论贫富，必用糖梅为舅姑之贽，多至数十百瓶，广召亲属，举行“糖梅宴会”。糖梅以甜为贵，因此有谚语：“糖梅甜，新妇甜，糖海生子味还甜。”凡是娶女入门，诸陪送出嫁者就唱这样的歌表示欢迎。[①]

从广东食糖事例可见，糖食制品已深深渗透到广东人民日常生活中了。当然这与广东产糖多不无关系。但也在很大程度上反映出了糖食制品是倍受人们喜爱的。在食品分类中，已专列“甜食类”。无论动物食物，还是植物食品，糖都可以调和——如面甜酱、红糖姜、糖烧肉、糖蹄、糖鲫鱼、白面糖饼、糖蟹、糖笋、糖醋萝卜卷、糖醋韭菜、糖茭白、揉糖

---

① 屈大均：《广东新语》卷十四《食语》。

饼、糖糕、油糖粉饺、糖花生、糖莲、糖荸荠、糖球糕……糖食制品可开列出百余种。[①]

食糖在食物中的托色、渗透、粘润、松脆、防腐等作用，是其他调味品不能替代的。尤为它的特殊之处就在于调和各种原料、佐料的味道，使之派生新味，抵消劣味，增属美味，从而诱发食欲，增加热能。因此，食糖在明清菜肴、食品中是占有很大的一个席位的。

酱品

明清酱的品种情况和糖差不多，已呈丰满趋势。明代的酱品就有小麦生酱、小麦生熟酱、麦饼熟酱、二麦熟酱、豆麦熟酱、豌豆酱、麻莘酱、逡巡酱、[②]蛎酱、蚩酱、蛤蜊酱、虾酱、蚁酱、[③]蒟酱、[④]榆仁酱、芜荑酱。[⑤]

---

① 高濂：《遵生八笺·饮馔服食笺·甜食类》；童岳荐：《调鼎集》卷九《点心部》。

② 宋诩：《竹屿山房杂部》卷三《养生部》。

③ 谢肇淛：《五杂俎》卷十一《物部》。

④ 张志淳：《南园漫录》卷八《蒟酱》。

⑤ 姚可成补辑：《食物本草》卷十五《味部》。

清代酱品领域更广：甜酱、瓮酱、酒酱、麸酱、芝麻酱、乌梅酱、玫瑰酱、甜酱卤、米酱、西瓜甜酱、自然甜酱、蚕豆酱、黄豆酱、黑豆酱、八宝酱、炒千里酱[①]、仙酱、一料酱、急就酱[②]、鲲酱、咸梅酱、甜梅酱等[③]。

从这些酱品观察，酱包容面很广，鱼虾水果，甚至蚂蚁都可以制酱。这标示着明清人民，比以往任何一个历史时期的人民都重视酱在食品中的调味作用。老百姓吃家常便饭，就拌上点子生酱，[④]即使皇帝御膳，也经常用酱制品一斤八两，如酱胡萝卜、酱包瓜、酱姜、酱小黄瓜、酱萬苣笋、酱冬瓜片、酱茄子、酱苤蓝、酱整瓜、酱瓜条等。[⑤]

人们对酱的需求量大，使明清市场上出现了专门以贩酱为业的商贩，以至于人们将这种商贩的姓前冠

---

① 童岳荐：《调鼎集》卷一《酱》。

② 顾仲：《养小录》卷之上《酱之属》。

③ 朱彝尊：《食宪鸿秘》上卷《酱之属》。

④ 文康：《儿女英雄传》第十四回，人民文学出版社，1983年版。

⑤《大清会典》卷九五《内务府·备其醯酱酒醴》。

▲（清）佚名 卖蒟酱图

以酱字直呼。[1]制酱方法也已不是什么秘密，在社会上普及开来。常见的主要是豆制酱法，如熟黄酱法：

以豆拣净，炒熟去皮，磨细，每一豆末，用汤和匀，蒸熟，切片，摊于芦席上，用苍耳叶覆盖，发热作黄衣，翻转，烈日晒愈好，每干黄子一斤，用四两盐，井花水下，水高于物料一拳，晒制。[2]

农家则在“中伏”，也做“酱黄”。其法是用一升黄豆，炒八分熟，为细面，加一斗麦面，同前法和、蒸、澌、晒。湿布拭净，处暑后为末，粗箩箩过，就成“酱黄”了。[3]

有人用诗形象地描述了制酱情形，使人更全面领略到酱的韵味：

重罗白如雪，轹釜豆留泔。

溲作牢丸大，蒸成馎饦甘。

① 朱国桢：《涌幢小品》卷十七《酱杨》。

② 刘基：《多能鄙事》卷一《酱法》。

③ 丁宜曾：《农圃便览·六月》。

黄漆云子色，借用白茅函。

曝处分窭薮，先时涤石甑。

吴霜飞暑路，新水汲澄潭。

汎溢波初沸，浸淫味已含。

三投比曲蘖，几宿沈自酣。

盎盎疑无滓，霎霎虑有渰。

斗勺投木杼，圆盖像�篮。

醶郁缘沈浸，清深或澹涵。

食单无异剂，列器各分坩。

利用生群遍，称名异物覃。

椒辛来自北，蒟美遂通南。

乌鲗登般韆，黄梅消渴堪。

胡麻研琐琐，匀药和醃醃。

闲及嘉蔬渍，能令下箸贪。

姜芽红敛指，玉版绿抽蔘。

蔓实余瓜果，豨毛擨藻蕈。

均分盐法志，促使醢人惭。

迩者桓宽议，争先榷酤探。

高官司操剌，大贾饱酣婪。

编户常忘味，海氓窃负担。

井疆区晋楚，迫逐互戈铩。
地本盐官接，人皆淡食妣。
趁虚聊里箬，覆甑孰盈坛。
隶事非征博，陈风当剧谭。
酸咸君辨否，有味亦醰醰。[1]

豆腐乳

明清时期出现了新的调味品——豆腐乳。它最初出于明代的黟县。那是因为当地人夏秋间醢腐，使其变色生毛，随拭掉，等稍干，投沸油中灼过，像制馓子那样，漉出，用他物芼烹，有鲥鱼的味道。[2] 我们由此可知，黟县，即安徽南部一带的人民，在明代后期就已经食用酱豆腐乳了。

清代初期，随着酱豆腐乳产地的扩展，其生产工艺详尽记录在案：

建腐乳：如法豆腐，压极干。或绵纸裹，入灰

---

① 郭麐：《合酱三十韵》，载《清诗纪事》，江苏古籍出版社，1987年版。

② 李日华：《蓬栊夜话》，载《皇明百家小说》。

收干。切方块，排列蒸笼内，每格排好，装完，上笼盖。春二、三月，秋九、十月架放透风处（浙中制法：入笼，上锅蒸过，乘热置笼于稻草上，周围及顶俱以砻糠埋之。须避风处）。五、六日，生白毛。毛色渐变黑或青红色，取出，用纸逐块拭去毛翳，勿触损其皮（浙中法，以指将毛按实腐上，鲜）。每豆一斗，用好酱油三斤，炒盐一斤入酱油内（如无酱油，炒盐五斤），鲜色红曲八两，拣净茴香、花椒、甘草，不拘多少，俱为末，与盐酒搅匀。装腐入罐，酒料加入（浙中腐出笼后，按平白毛，铺在缸盆内。每腐一块，撮盐一撮，于上淋尖为度。每一层腐一层盐。俟盐自化，取出，日晒，夜浸卤内，日晒夜浸，收卤尽为度，加料酒入坛），泥头封好，一月可用。若缺一日，尚有腐气未尽。若封固半年，味透，愈佳。[1]

记述者朱彝尊是浙江人，他有意将浙江的腐乳制法，与这种可能是产于福建建宁的腐乳制法相比较，从中寻求异同和所长。由此也反映出了清代的腐乳产

① 朱彝尊：《食宪鸿秘》上卷《酱之属·建腐乳》。

地已不止安徽，地域已有福建、浙江、广西、苏州、山东，如苏州温将军庙前的腐乳，有干、湿二种，黑色味鲜。广西白腐乳，王库官家制得最妙。[①]

山东农家制腐乳法：用绢过十斤细豆腐，切四方小块，入二十二两炒盐，腌七日，另倒入别器，使在下者在上，又过七日，取晒半干，用酱酒调酱黄成糊，将腐排磁罐内，每层加酱糊一层，上留二指空，将腌腐盐汁再添浆酒罐满，封固，两月后开用。如无浆酒，用好蒸酒、好烧酒也可以，酌加椒、茴、红曲末也好。[②]

制腐乳的技术，在清代愈益精深和多样。四川的制腐乳法，属于那种只有后期发酵没有前期发酵而制作腐乳的方法，还有先用食盐腌坯而后制作腐乳的方法。[③]以糟豆腐乳而言，清初的制法仅是：制就陈乳腐，或味过于咸，取出，另入器内，不用原汁，用酒酿、甜糟层层叠糟，风味又别。后来发展的糟豆腐

① 袁枚：《随园食单・小菜单》。

② 丁宜曾：《农圃便览・霜降》。

③ 洪光住：《中国豆腐》第四章，中国商业出版社，1987年版。

制法至少有两种，而且程度十分繁复：

每鲜豆腐十斤，配盐二斤半（其盐三分之中，当留一小分，俟装坛时拌入糟膏内）。将豆腐一块，切作两块，一重盐，一重豆腐，装入盆内，用木板盖之，上用小石压之，但不可太重。腌二日洗捞起，晒之至晚，蒸之。次日复晒复蒸，再切寸方块，配白糯米五升，洗淘干净煮烂，捞饭候冷（蒸饭未免太干，定当煮捞脂膏，自可多取为要）。用白曲五块，研末拌匀，装入桶盆内，用于轻压抹光，以巾布盖塞极密，次早开看起发，用手节次刨放米箩擦之（次早刨擦，未免太早，当三天为妥），下用盆承接脂膏，其糟粕不用，和好老酒一大瓶，红曲末少许拌匀。一重糟，一重豆腐，分装小罐内，只可七分满就好（以防沸溢）。盖密，外用布或泥封固，收藏四十天方可吃用，不可晒日（红曲末多些好看，装时当加白曲末少许才松破。若太干，酒当多添，俾膏酒略淹豆腐为妙）。[1]

---

① 李化楠：《醒园录》卷上《糟豆腐乳法》。

在清代还有一种新的豆腐乳问世，那就是“王致和臭豆腐”。起源是在清康熙八年（1669），由安徽来京赶考的王致和，金榜落第，闲居会馆，因幼年学过做豆腐，王便磨豆子做豆腐出卖。夏天卖剩下的豆腐很快发霉，王便将豆腐切成小块，稍加晾晒，用盐腌在缸里。

秋天，王突然想起腌制的豆腐，打开缸盖，一股臭气，扑鼻而来。一看豆腐已呈青灰色，用口尝试觉得臭味中却蕴一浓香。于是，考试不中的王致和，便弃学在延寿街中间路西购置了一所铺面房经营起臭豆腐。据其购置房屋的契约所载，时为清康熙十七年（1678）冬。[1]

“王致和臭豆腐”的工艺过程是：先把黄豆制成豆腐，将豆腐切成小块，经过接菌、发酵、腌制、配料、兑物、再发酵等多道工序，利用毛霉菌微生物发酵技术制成。它方块完整，毛茸密实，呈豆青色，表里一样。闻臭吃香，但无恶味，咸度适口。它作为一

① 北京市政协文史资料研究委员会：《驰名京华的老字号》，文史资料出版社，1986 年版。

种佐餐的调味品，宜在春秋和冬季食用，加入些香油、花椒油、辣椒油，味道更佳。

但从史料看，臭豆腐生产技术并非王致和首创。明代安徽黟县已有臭豆腐，但并未达到王致和的水平。王致和作为安徽举子来京，一定熟悉家乡风物，所以以臭豆腐技术来谋生，使臭豆腐发扬光大，这才是完整的史实。

由于臭豆腐价廉，可粥可饭，博得人们的喜爱，但也并非人人喜爱，喜爱需要过程，清乾隆年间对饮食颇有研究的沈复，一开始很讨厌臭豆腐的味道。妻子用筷强塞入口，他掩鼻咀嚼，觉得味道很好，开鼻再嚼，竟成异味，从此喜食，而且变着法加麻油加白糖，以求更为鲜美。[①]

清代人不仅把腐乳当调味品，而且认为它味咸甘，性平，能养胃调中。[②]香美能引胃气，令人甘食，极宜病人。[③]这也是腐乳在清代分外热火的一个原因。

---

① 沈复：《闺房记乐》，载重订《虞初广志》卷十四。

② 赵学敏：《本草纲目拾遗》卷八《诸谷部》。

③ 章穆：《调疾饮食辩》第二卷《谷类》。

香料

烹饪香料、辛辣品在明清的使用也是“热门”的一路，其主要有：秦椒、蜀椒、崖椒、蔓椒、地椒、胡椒、山胡椒、吴茱萸、食茱萸、辣火、盐麸子、咸平树、酸角、咸草、醋林子、番椒、茴香、莳萝、砂仁、白藏、山柰、廉姜、山姜、高良姜、益智子、荜茇、芥辣、萝卜子等。[1]

而且每一品种又名有分支，如姜，有五辣姜、五美姜、姜霜、姜米、伏姜、红糖姜、糖姜丝、红盐姜、糟姜、酱姜、酱姜芽、醋姜、蜜姜、冰姜、闽姜、鲜姜丝、糖姜饼、腌红甜姜。

此外，明清还盛行从动物食物、植物食物中提取鲜汁作调味品，如鸡鸭鹅汁、鲥鱼汁、笋汁、绿豆芽汁……有的则是几种调味品合并为复合味品，如“五香方”：

砂糖一斤，大蒜三囊，大者切三片，带根葱白

① 姚可成补辑：《食物本草》卷十六《味部》。

▲本草图谱 八角茴香 日本江户时代

八角茴香

七茎，生姜七斤，麝香如豆大一粒，将各件置瓶底，次置洋糖在面，先以花箬紧扎，次以油纸封，重阳煮周时，经年不坏。临用，旋取少许，入菜便香美。[①]

明清调味品的多样化，使许多人投入调味品生意中来——或提姜篮穿村小卖，[②]或一次在福建买十余担胡椒到芜湖发卖。[③] 从这点滴中不难看出明清调味品已涌起了更加宽阔的波澜……

---

① 童岳荐:《调鼎集》卷一《调和作料》。

② 凌濛初:《拍案惊奇》，卷十一，上海古籍出版社，1982年版。

③ 张应俞:《江湖奇闻杜骗新书》十二类《在船骗》。

保藏

明清对食物的保藏方式已多种多样，主要有干藏、冰藏、井藏、炕藏、高温保藏、盐渍保藏、糟醉保藏、糖渍保藏、封闭保藏、地窖保藏、熏烟保藏、防腐与干燥保藏、灰藏……

明清时期的保藏食物对象，大体可分肉、蛋、菜、粮食、水果的保藏五大类。尤其是“火腿”的出现，是对保藏方式的一大贡献。禽蛋的保藏也是如此。菜的保藏主要是将野菜、食用菌、水生蔬菜等制成酱腌制品。粮食保藏的设施和方法更为讲究。而水果渍制的蜜饯、果脯、果丹皮，则糅进了满族的食物保藏风格。

明清时期的各种保藏食物，形成了较强的抗腐败性、耐储藏性，具有特殊的色、香、味、形和较高的营养价值，加之选料广泛，品种繁多，成为深受当时人们欢迎的食物佳品。

肉制品

我国的肉品加工技术，早在《齐民要术》中就有详细记载，如用猪肉制作的“五味哺法”。这类肉品加工技术，到了宋代发展成了“火腿”的腌制技术，但是，仅有简略的记载，这表明“火腿”腌制技术在宋代尚未成熟。到了明代，“火腿”腌制才进入佳境。

明初的“火腿”记录是这样的：“以圈猪方杀下，只取四只精腿，趁热用盐，每一斤肉，盐一两，从皮擦入肉片，令如绵软，以石压竹栅上，置缸内，二十日次第，三番五次用稻柴灰，一重间一重叠起，因稻草烟薰一日一夜，挂有烟处。初夏水中浸一日夜，净洗，仍前挂之。”[1]这种方法对容易腐败的肉食，创造了一个较为长期的保藏模式。

进入清代，“火腿”成为士大夫们所喜食的食品。

---

① 高濂：《遵生八笺》卷十一《饮馔服食笺·上》。

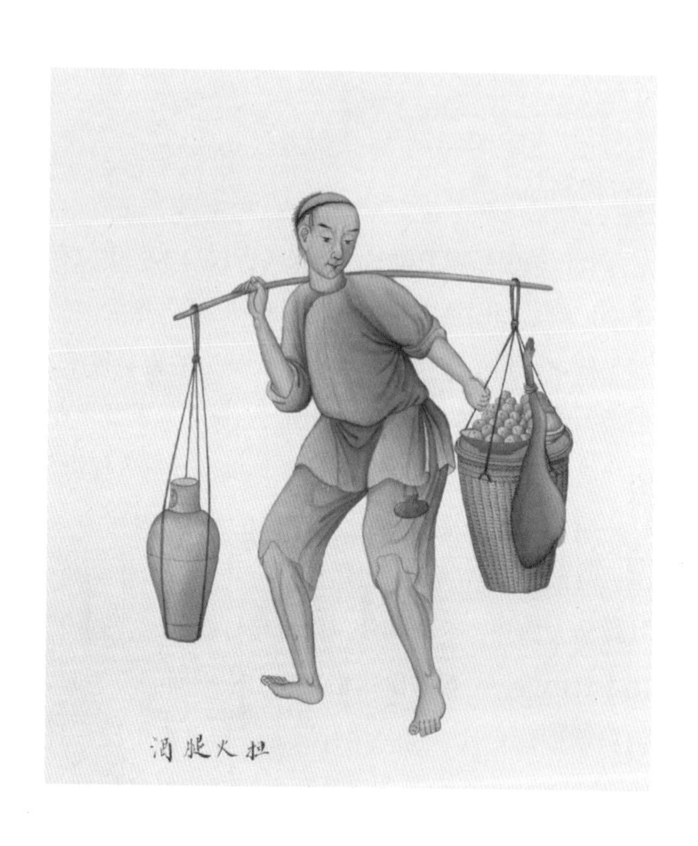

▲（清）佚名 担火腿与酒 外销画

纪昀就以爱吃“火腿”闻名。有时仆人给他端上一盘约三斤的“火腿”，纪昀一边说话一边吃，一会儿就光了。[①]纪昀所吃的这种“火腿”，可能是孙春阳制作的“茶腿”，就是不用烹调，直接可以佐茗，非常香美适口。[②]

“火腿”在一般老百姓当中也很受欢迎。“陕西西乡、定远、紫阳各县，民间喂猪多腌成火腿。”偏远的乡村也喂猪腌成“火腿”，透露出了“火腿”的普遍程度。甚至在云南龙雄龙五岩，有一种重一二十斤的“龙猪”，由于皮薄肉嫩，当地人就将它进行腌熏。[③]

但正像有人对“火腿”作出的评价：三年出一个状元，三年出不得一个好“火腿”。[④]可以想见腌制“火腿”之难。经过长时间的检验，在明清诸多的“火腿”中，首推的是“金华火腿”与“陇西火腿”。

像“金华火腿”之所以甲于天下，主要是因为当

---

① 姚元之:《竹叶亭杂记》卷五。

② 欧阳兆熊、金安清:《水窗春呓》卷下《孙春阳茶腿》。

③ 吴震方:《岭南杂记》卷下。

④ 袁枚:《小仓山房尺牍》卷八《戏答方甫参馈火腿》。

地人用白饭饲养猪，绝不让它食秽，故香味独胜。兰溪船妇养猪，与其同卧起，如养猫狗。[①]一般人家养猪，都是选洁净栏房，早晚用渣、糠屑喂养，兼煮粥喂食，夏喂瓜皮菜叶，冬喂热食，调其饥饱，察其冷暖，故肉细体香。茅船渔户养得最好，叫“船腿”，较小于他腿，味更香美。凡是金华冬腿，陈者，煮食气香盈室，入口味甘酥，开胃异常，适宜诸病。[②]

“金华火腿”与“陇西火腿”的制作工序大致相近，共分为三步。

一是“拌盐”。宰猪，放温凉，然后涂盐。肉和盐的比例为5%~8%，膘肥者可多些，膘瘦者略少些。“金华火腿”每腿十斤，用五两燥盐，竭力擦透其皮。还要将花椒、小茴香，每百斤加二两；尚须将姜皮、橘皮、草果、大香、良姜、砂仁、豆蔻、桂枝，晒干或烘干，磨成粉末，适量配合，撒盐末中拌匀。

二是“落缸”或“压桶”。

---

① 铢庵：《人物风俗制度丛谈·火腿》。

② 赵学敏：《本草纲目拾遗》卷九《兽部·兰熏》。

“金华火腿”的“落缸”——缸中预做木板为屉，屉凿数孔，将擦透的猪腿平放板屉上，余盐匀洒腿面，腿多重重叠放不妨。盐烊为卤，则从屉孔流到缸底，腌腿总以腿不浸卤为要诀，着卤则肉霉而味必苦。即腌旬日，将腿翻起，再用盐如初腌数量，逐腿撒匀。

“陇西火腿”的“压桶”：腌桶为直径六尺、高二尺半的大圆木桶。压肉前桶底须扫除清洁，撒一层盐末，将抹好盐的腊肉平放于桶底一层或两层，继续压放“火腿”，将放满时，又搁腊肉一两层压之。每个木桶可腌放二十头猪的“火腿”和腊肉。并须将桶内“火腿”和腊肉上下倒翻一次，使上面的肉压放下面，全部均匀地受到盐血水的浸泡。

三是“晒肉”。“陇西火腿”和“金华火腿”，都是将“火腿”露天曝晒，常翻动。多晒肉皮面，晒到盐水干透，皮面出油发红亮为止。不同的是，“金华火腿”修圆腿面，入夏起花，以绿色为上，白色次之，黑色为下。并用香油遍抹，如生毛虫有蛀孔，用竹签挑出，香油灌之。过五月，装入竹箱，再至次年，即为陈腿，味极香美，甲于珍馐。“苟知此法，但得佳猪，虽他处亦可造。”[1]

这些表明猪腿的肉面敷盐后，盐分渗入肌肉，细胞收缩，析出水分，再加适当的压力（即用砌堆腌法），逼使肌肉中的水分尽量析出。这样，一方面可以杜绝腐败细菌侵入；另一方面使肌肉紧密，促使其本身所分泌的醇素（酶）来分解自身的蛋白质和其他成分，缓缓地发出鲜味和香气。[2]

“金华火腿”的保藏还胜于“陇西火腿”，能常年不走油。[3]这是由于，凡收火腿，须择冬腌金华猪后腿为上，选皮薄色润，照照明亮，通体隐隐见内骨者佳、用香油遍涂之，每个以长绳穿脚，排匀一字式，下用毛竹对破，仰承坏处接油，置通风处，虽十年不坏；倘交夏入梅，上起绿衣也无害；或生毛虫，见有蛀孔，用竹签挑出，用香油灌。如剖切剩者，须用盐涂切口肉上荷叶包好，悬之，依此可久留不坏。

由于“火腿”的耐保藏性，使人们随时随地都可

---

① 王学权：《重庆堂随笔》，《潜斋医学丛书》，八种本。
② 陈守礼：《陇西火腿》，载《甘肃文史资料选辑》，第13辑。
③ 赵学敏：《本草纲目拾遗》卷九《兽部·兰熏》。

以品尝到这种益肾、养胃、生津、壮阳、固骨髓、健足力的美味肉食。而且，“火腿”的耐保藏性，也促使着商家来仿效。

清嘉庆太仓专营糟油的“老意诚”店铺的老板李悟江，平素喜食红烧瘦肉，但红烧肉不能长期存放，冷了又不好吃。李便将红烧肉用“文火”煨炖，再将肉烧酥，炒干，淋上糟油，做成肉干，食用方便又易于保存携带。[①] 由此表明耐保藏的肉食是很有商业价值的。

禽蛋

不独如此，人们为了更好地享受饮食的美味，又在禽蛋的天地里进行了开掘。

以江苏高邮为例，它北衔白马湖，南接邵伯湖，水域面积占全县总面积三分之一以上，港汊纵横，水草茂密，鱼虾、螺蛳以及水生植物资源异常丰盛，这就使鸭子养得十分肥壮，蛋生得也很大。这种蛋的特点是：个大、质细、油多，平均每枚蛋的重量为150

---

① 张骞：《太仓肉松》，载《中国烹饪》，1993（12）。

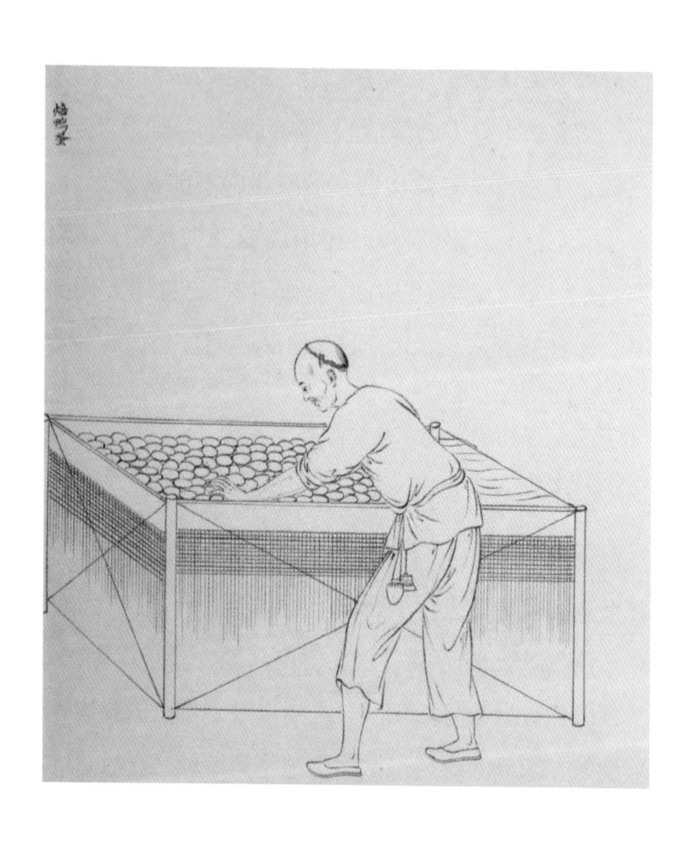

▲（清）佚名 焙鸭蛋 外销画

克，最重的达188克，比普通鸭蛋平均重30克，更稀罕的是高邮鸭还产双黄蛋。由于鸭多，鸭蛋也多，剩余吃不了的鸭蛋，就要腌制起来，向外地出售，这种主要由盐腌制的鸭蛋因此又叫“盐蛋”。

但是，若想长期保藏，而且味道好，就需要进一步加工制作。皮蛋就是腌蛋进一步发展的结果。

据食品科技史家研究，由腌蛋到皮蛋要经历这样几个步骤：

用盐水作腌蛋；用盐、泥腌蛋；增加草木灰；再增加石灰，即成皮蛋。其中加石灰是很重要的，石灰可以使蛋内容物凝固，蛋白呈现半透明的褐色凝固体，形似皮革柔韧，经过数周后，人们不需将其加热即可剥皮食用。在明代史料中，将这种蛋称为“牛皮鸭子”，其制法是：

每百个用盐十两、栗炭灰五斤、石灰一升，如常法腌之入坛。三日一翻，共三翻。封藏一月即成。[1]

---

① 戴羲：《养余月令》，中华书局1956年铅印本。

配料是对一百个鸭蛋而言的，石灰应当是粉末状的消石灰，所以用升量。水的分量未说，但从“如常法腌之”的句子推断，用水量当以淹没一百个鸭蛋为标准。由于栗炭灰和石灰质重而沉入水底，所以必须要翻三次之多。

明代的另三条史料，也勾勒了皮蛋的制作程序，其中一条唤作“混沌子”，是这样表述的：“取燃炭灰一斗，石灰一升，盐水调入，锅烹一沸，俟温，苴于卵上，五七日，黄白混为一处。”[①]

据此看来，在明代初期，人们为了更好地保藏鸭蛋，便发明了称为“混沌子”的皮蛋，或可称为“变蛋”，如“池州出变蛋，以五种树灰盐之，大约以荞麦谷灰则黄白杂糅，加炉炭石灰，则绿而坚韧”[②]。

如算“牛皮鸭子”，称呼已有三种，但仍以“皮蛋”称呼较为适宜。这就如同人们都一致倾向于皮蛋的发明最初是在明代江苏吴江县黎里镇上的一家小茶馆一样。

---

① 宋诩：《竹屿山房杂部》卷三《养生部·禽属制》。

② 方以智：《物理小识》卷六《饮食类》。

该茶馆的主人饲养了数只鸭子，每天他将人们喝的剩茶叶倒在烧茶的柴灰中。有一次，店主在打扫柴灰时，在柴灰堆中偶然发现了数枚埋藏较久的鸭蛋，蛋壳已失去光泽，店主随即将蛋打开一看，其中蛋白质已经凝固，并且乌黑而有光泽，表面还有松针形的花纹。店主尝一口，味爽滑嫩，风味独特。因为它形同牛皮，所以当时就起个“皮蛋”的名称。

当时这一奇特的变化传开后，当地人纷纷仿制这种藏蛋法，以获得这种好吃的蛋食。他们还不断改进藏蛋的方法，有的用桑树灰或豆秸灰，加茶叶、纯碱、石灰、食盐、金生粉等，制成糊状物，将鸭蛋埋入其中，久藏一段时间；以后又有人将这种灰料糊状物涂抹在鸭蛋上再贮藏起来，使鸭蛋发生变化后取出食用。当时人们又称这种蛋为“湖彩蛋”，因为黎里镇在太湖流域一带。

从保藏的眼光看，吴江是一水乡，鸭多蛋多，多余的蛋腌起来防坏是情理之中的举措。如将腌盐鸭蛋的配料，稍加改进，就可很容易地制成皮蛋。茶叶和草木灰是制皮蛋的主要配料成分，所以最初的皮蛋出现在江南一个茶馆的炉灰堆上，是有科学根据的。

皮蛋是禽蛋保藏的一大进步，所以流传很快。明末就有记载说：江南的人，用荞麦灰渍鸭蛋，做色如琥珀的皮蛋。[①] 至清初，“高邮皮蛋”作为“日用杂字”的范例，被大文学家蒲松龄记录下来，足见皮蛋已是全国驰名的食品了。

皮蛋作为一种新的禽蛋保藏方式，还带动了相关的禽蛋保藏方式的发展，如用酒糟泡制的糟蛋，是将鸭蛋和老酒糟同置瓮中，加以食盐。[②] 泥封其口，一直保藏到过“黄梅”时节，蛋质混合了再食用。清乾隆年间，浙江地方官吏曾用平湖糟蛋作为贡品，获得了乾隆的喜爱。糟蛋作为禽蛋的另一种保藏方式，在清代江南已非常多见。

腌制蔬菜

在明清食物保藏中，较为大宗的还应为蔬菜的腌制，其步骤为均需进行食盐腌制，成为半成品，然后采用多种不同的加工方式，再改制成酱菜、咸菜、糖

---

① 闵宗殿：《中国农业文明史话》，中国广播电视出版社，1991年版。

② 周亮工：《因树屋书影》第五卷。

醋渍、酒糟渍、蜂蜜渍等多种风味蔬菜，保藏起来，腌制的蔬菜要比鲜活原料具有更大的抗腐败性、耐贮存性，也有较高的营养价值。

据不完全统计，明清的酱腌蔬菜制品已有六十多种，主要有——

配盐瓜菽、糖蒸茄、蒜梅、酿瓜、蒜瓜、三煮瓜、蒜苗干、藏芥、绿豆芽、芥辣、酱佛手、香橼梨子、糟茄子法、糟姜方、糖醋瓜、素笋鲊、又笋鲊方、糟萝卜方、做蒜苗方、三和菜、暴虀、胡萝卜菜、胡萝卜鲊、又方白萝卜茭白生切笋，煮熟三物，俱同此法，作鲊可供。晒淡笋干、蒜菜、做瓜、淡茄干方、十番咸豉方、又造芥辣法、芝麻酱方、盘酱瓜茄法、干闭瓮菜、撇拌和菜、水豆豉法、倒纛菜、辣芥菜清烧、蒸干菜、鹌鹑茄……[1]

又有：

---

① 高濂：《遵生八笺》卷十二《饮馔服食笺·中》。

山东济宁原玉堂乐园的酱花生米，明万历年间安徽亳县的酱胡芹，山西临猗县临晋镇的酱腌玉瓜，陕西西安潼关的酱笋，河南杞县的酱胡萝卜，锦州的什锦小菜，资中的冬菜，沧州的冬菜，云南玫瑰大头菜，贵州独山盐酸菜，镇远县陈年道菜，湖北沙市的甜酸独蒜，长沙的豆豉姜，云南祥云的酱辣椒，四川的泡菜，南康的顶呱呱德福斋辣椒酱……[1]

这些酱腌蔬菜品种反映了明清酱腌蔬菜品种已经相当广泛而又多样。假如翻开明清农家生活的日历，更会发现酱腌蔬菜已成为必不可少的食物。从一年四季当中，随便都可以找到这样的腌酱蔬菜。

春天的“霉干菜”：将秋腌菜食不尽者，沸汤淖过，晒干，瓷器收贮，夏间将菜温水浸过，压水尽出，香油拌匀，以碗盛顿，饭上蒸食，甚佳，炒肉亦美。

“腌香椿芽”：取肥嫩者，盐腌器内，过宿，次日取揉，每日三次。至五日后，看芽俱透，置屋内，

① 田耕等：《传统酱腌菜制作120例》，中国轻工业出版社，1992年版。

▲（清）佚名 卖咸菜 外销画

晾半干，入坛，炒盐培之，十余日取晾一次，否则坏烂。

夏天的“糖笋”：将笋去净皮，十斤，入极沸汤煮熟，加酱油一斤，白糖斤半，再尝甜咸相称，用文火煮，时煮时停；看汁将干，取出晾冷晒干，瓷器收。

“盐笋干”：鲜笋去净皮，十斤，用盐四两，入锅，水与笋平，盖严，武火煮滚，后俱用文火，时煮时停，以干为度，取出，灰火焙干，收贮。

秋天的“甜酱瓜”：先将苦瓜去瓤，十斤，用石灰、白矾各两半，煮水极沸，取出，候冷去渣，泡瓜一昼夜，取出洗净，酌用盐腌，过宿，滚汤掠过，晾去水汽，不可日晒，拣去烂者，再加稍瓜、黄瓜去瓤，嫩茄子不拘多少，每斤用酱黄一斤，炒盐四两，将数内盐腌瓜茄过宿，次日入酱黄拌匀，盛瓮中，清晨盘入盆内，日夕盘入瓮中，十余日即成。

或将苦瓜同前法制过，拣去烂者，每斤用酱黄一斤，炒盐四两，拌匀入瓮，四十日取瓜，少带酱入坛收。

“茄鲞”：将茄煮半熟，使板压扁，微盐拌，腌两日；取晒干，放好卤酱上面，露一宿，收入瓷器。这是典型的农家风格，而不像有的贵族之家所做的“茄鲞”，却是极讲究色、形、味：

你把才下来的茄子，把皮签了，只要净肉，切成碎丁子，用鸡油炸了，再用鸡脯子肉并香菌、新笋、蘑菇、五香腐干、各色干果子，俱切成丁子，用鸡汤煨干，将香油一收，外加糟油一拌，盛在瓷罐子里封严，要吃时拿出来，用炒的鸡爪一拌，就是。[1]

这种“茄鲞”，保存的时间更长，营养价值更高。它与农家的“茄鲞”，似双峰对峙，互相衬托，使明清的食物保藏更加多姿。

冬天，农家所重的保藏蔬菜主要是白菜。白菜的保藏方法多种多样，主要有两种，一种是最为常见的“腌白菜”。选肥嫩菜，去根，少晒，抖去土，百斤用盐三斤，腌四日，就卤中洗净，每颗窝起，用盐

① 曹雪芹、高鹗：《红楼梦》，第四十一回，人民文学出版社，1982年版。

二斤腌坛内，盆覆之。

另一种是讲究一点的“脆白菜”。选肥嫩菜，择洗净，控干，过宿，每十斤用盐十两；先放甘草数茎在洁净瓮内，将盐撒入菜丫，排顿瓮中，入莳萝少许，以手捺实；至半瓮，再入甘草数茎；候瓮满，用石压定。三日后将菜倒过，拗出卤水；将菜排干净器内，却将卤水浇入，忌放生水。候七日，依前法再倒；浇入卤汁，石压。如卤不没菜，加新汲水淹浸，其菜脆美。

这种腌制的白菜，一直可保藏到来年的春天。吃不了的，可用汤淖过，晒干收贮。夏天时可将菜温水浸过，压水尽出，香油拌匀，用瓷碗顿饭上蒸食，味道尤美。[1]

由于腌制蔬菜，可以长时保藏，所以各地纷纷腌制蔬菜，并推出代表性的腌制蔬菜。像明代上海“露香园”的顾氏，别有腌制菹的妙法，能够经年不变味，因此世人称它为“顾菜”，大家争相仿效。[2]

---

① 以上所举农家酱腌菜，除注明外，均引自丁宜曾：《农圃便览》。

② 上海通社：《上海研究资料》，见《上海物产丛读·顾菜》。

保藏蔬菜的方式日益多样化，腌制的蔬菜可以干，可以闭，可以水。清代就有这样的例子：

用菜十斤，炒盐四十两，入缸。一层菜，一层盐，腌三日，搬入盆内，揉一次，另搬迭一缸。盐卤另贮。再过三日，又搬又揉又迭过，卤另贮。如此九遍，入瓮，迭菜一层，撒茴香、椒末一层、层层装满，极紧实，将原汁卤每瓮入三碗。用泥封瓮口，来年吃，非常美妙。

“闭瓮芥菜”是：将菜洗净，阴干，用盐腌，逐日加盐，揉七日，晾去湿气，用姜丝、茴香、椒末拌入。先用香油装罐底一两寸，再放菜，将菜按实并装满罐子，用竹笋的外皮在罐口将菜盖好，再用竹竿作十字形将其抵住。将菜罐倒置三天，沥出油，仍正放，加上腌菜的原汁，三天倒一次，倒三次。封口，保藏。

“水闭瓮菜”是：用大棵白菜，晒软去叶，每棵用手裹成一窝，放数粒花椒、茴香，随迭在瓮内，使其满，用盐筑口上，冷水灌满。十天倒一次水，倒过数次，用泥封口。到春天吃最好。[1]

保藏蔬菜的多样化，使人们对保藏蔬菜的口味需求不断变换，不断提高。人们也不停留在腌制蔬菜的阶段，而是发明了许多保藏新鲜蔬菜的方式。如明代对茄子的保藏：

选出窑的新瓮，自来不曾盛水，晒三五日，取茭叶，截作一寸多长，也晒，让它十分平，放茄那天与瓮同晒，至日午旋，摘带蒂茄子，不要伤损，先铺茭叶，在瓮底放一层茄子，再铺一层茭叶，如此一层层放满，然后用纸密封瓮口，再用泥封，不让透气，晒干，放在空屋下地板上，到明年正二月取出，像新的一样，摘下来的味道都未改。[2]

果子

明清蔬菜的保藏给果子的保藏也提供了借鉴。明

---

① 顾仲：《养小录》卷之中《蔬之属》。

② 佚名：《墨娥小录》卷三《饮膳集珍·藏茄法》。

清对果子的保藏在继承前代传统的保藏果子的基础上，显得更具条理性和科学性——

收枣不蛀，以一层粟草一层枣，相间安放。

收栗不蛀，以栗蒲烧灰淋汁浇，二宿出之，候干，置盆中，用沙覆，厚达一二尺一方。用烰炭拌匀，入瓶藏，要得地气，半月一拌为好。

生红柿欲易熟者，用水犁子罨，置盆内密护，不可通气。一云收桶内，用草拌不烂，可至三四月。橘叶尤妙。

藏柑子以盒盛，用干潮沙盖土。瓜同法。

收湘橘用煮汤锡瓶收之，经年不坏。

藏胡桃不可焙，焙则油了。

藏梨子用萝卜间隔，勿令相着，经年不烂。或削梨蒂插萝卜上，亦不得烂。藏香圆同法。

收水杨梅盐矾涩之，如便吃，少用盐；留久则多用盐。

收橘子用叶同枚层层相收，虽日久则不坏。

水杨梅入烰炭不烂。[1]

---

① 周履靖：《群物奇制·果子》。

▲（清）董棨 浙江红绿柿图

松毛裹橘，保留百日也不干。[①] 橙、柑放绿豆中可以经久。[②]

每年八月初，收枣入锡瓶，封口悬井中，寒冬取出进用，像刚从树上摘下来似的。[③]

为了无论什么季节都能尝到果子的美味。清代陕西，还用山楂等水果做成了薄薄的“果丹皮”。其制法是：秋天采取，摘去枝梗，将果下锅，熬出汤液，滤去渣滓，炼成薄膏状，放到另一器皿内，等稍凉膏就凝结。大体上像纸房抄纸法，用木做成框，抄成皮，匀薄像油纸，揭起阴干。用红果做成的为红色，用黑果做成的为黑色。

当地人用“果丹皮”馈赠远方的亲友，也称它为“果煅皮”，因为是自身熬煅成的。[④] 实际上，这是果子保藏方式的一种变异，是明清以前时代保藏果子的延续和新的发展，就像蜜饯在明清很兴盛一样。

在历史文献上第一次从“蜜煎”转化为“蜜

① 徐树丕：《谈小录》卷一《藏橘》。
② 陈淏子：《花镜》卷四《花果类考》。
③ 高士奇：《金鳌退食笔记》卷下《南花园》。
④《康熙几暇格物编》下之《中果单》。

饯”，是在明万历二十年（1592）当时北京宛平的“乡场饮馔品物”中，出现了“干蜜饯四色，蜜饯杨梅二斤”的字样。[①] 史实是：在万历之前，“蜜饯”大都写成“蜜煎”或“糖煎”。如“糖煎冬瓜”：

用一斤老冬瓜，切如刀股段，去皮、瓤。将瓜放在一水桶中，水中要撒入一小撮石灰，浸一会儿，漉出，沥水尽。再放一斤半白砂糖，同冬瓜入锅内熬，将锅中的水分熬尽，再将冬瓜段取出，晒干，呈琥珀色，收藏起来。[②]

据此可知，明代的蜜饯制作，除使用白矾外，还使用石灰，石灰可防腐消毒，明矾具有能同果胶物质化合成果胶酸盐的凝胶，可以防止果品细胞解体，使果品硬化和保脆。

清代的蜜饯范围从果品扩展开来，许多蔬菜，甚至花卉也都可以蜜饯了，如蜜饯冬笋、蜜饯干菜、蜜

---

① 沈榜：《宛署杂记》第十五卷《报字·一乡试》。

② 韩奕：《易牙遗意》卷下《果实类》。

饯黄芽菜、蜜饯糖球、蜜饯玫瑰桂花朵、蜜饯菊等。[①]这是蜜饯保藏的又一深入。

为了使食物保持新鲜，明清较多采用了“冰藏”方式。在明代，于慎行就有“六月鲥鱼带雪寒，三千里路到长安”的诗句。这就告诉了人们，在烈日炎炎的六月，为从江南向北京运输鲥鱼，防止腐烂变质，保持鲥鱼的新鲜，就用冰雪降温，即用“冰藏”保鲜。

在官员的公文中有明万历七年（1579）五月初，鲥鱼就已冰鲜，五月二十日以前，由“鲜船”赶到京城进贡的记录。[②]这可证实，用冰来保藏食物在明代已经常使用。清代还有人用词专颂这一用冰保藏鲥鱼的举措：“冰上叉来，此乐如何？”[③]反映出了这一“冰藏”的有益性和长久性。

尤其在南方，随着人们饮食生活水平的不断提高，人们用冰来保藏食物的需求量也随之增大，以至明代的南方也制起冰来：“用盐洒水上，一层盐，一

---

① 童岳荐：《调鼎集》一至十卷《诸种菜肴》。

② 《桂文襄公奏议》，《明经世文编》卷一八。

③ 刘嗣绾：《笋船词》，《沁园春·叉·冰鲜》。

▲（清）佚名 打冰 外销画

层冰，结成一块，厚与北方等，次年开用。”[1]

江南民间还出现了许多小冰窖，像吴县葑门外有二十四座冰窖。此类冰窖建筑在地下，四面用砖石垒成，有些冰窖还用上了用泥、草、破棉絮或炉渣配成的材料，加强了冰窖的保温作用。冰窖以京城最多，以皇家冰窖为最大。

紫禁城内设冰窖五座，可储冰二万五千块。内除清茶房每年用冰一窖外，其余冰二万块，承应宫内分例，及各司院等处用冰块。由堂派内管理一人管理收发事务，一年一次更替。如冰不敷用，咨行工部应用，属下领催六名，苏拉二十四名，承应抬送差务。[2]

在雍正当政时，皇家冰窖已有十四座，每年存通州冰、太液池的冰共十五万余块。[3]而且，皇帝到哪，冰窖就设在哪。清雍正三年（1725），内务府就

① 朱国桢:《涌幢小品》卷十五《藏冰》。

②《钦定大清会典》卷九五《内务府·署则出冰》。

③《总管内务府为详查储存冰块数量价值等事咨工部文》，圆明园本上编。

在圆明园内造冰窖，整修加固畅春园冰用。[1]

雍正之所以对冰窖保藏如此重视，不时过问大内的冰是否尽备内用，有无用他处，原因只有一个，那就是冰的容量和质量，对皇帝的日常饮食和皇宫内繁多的宴会上的食物新鲜，能够提供可靠的保证。

这种冰藏意识，不为皇家专擅，而是遍及民间。清代夏天的北京，在大饭庄或小饭店里，宴客之筵，必有四冰果，已成惯习。用冰拌食，凉沁心脾。而且用冰也可煮食消的“冰核”。[2] 在难熬的酷暑中，这种冰藏饮食方式是非常可取的。

明清时期，数量最大、最不可缺的保藏，是粮食的保藏。国家保藏粮食多采用仓储，如在北京地区就建有专供朝廷存储米粮的“十三仓”。各省府州县也设有此类“仓储”，此外，还有常平仓、裕备仓、旗仓、社仓和义仓。这些仓储实行“出陈易新”的粮食保藏制度，即为防止仓储粮食年陈而霉烂变质，概以

---

①《宝德传谕圆明园贮冰事》，圆明园本上编。

② 严辰：《忆京都词》，《墨花吟馆文钞》。

"存七粜三"为率，以此轮番更替，[1] 使粮食保藏的质量常新。

百姓的粮食保藏，可以产米丰富的浙江湖州为例：此地是将"冬春米"放置草囤中保藏，草囤是将稻草扎成圈，每圈高约两尺，层叠增高而成。再用菜叶、麸皮，用稻草扎缚成团，高数尺，植立囤心，这叫"发头"；然后将米放囤中，旬日后"发头"蒸热，湿气上冲，急用砻糠隔麻木脚袱，收之，随湿随换，必须收尽湿气才停止，这样米才黄白停匀，不霉不蠹。

保藏的米以白为贵，其功全在蒸变得法。"开囤"时，米色黄白停匀，俗称"花色好"，此为最上等。假如黄深近赤，便不是上品，甚至变黑，叫"乌丁头"，这是最下品。或者米粒不完，这叫"月曹碎"。灰尘太多，叫"埲悖并"，应用风车扇净才好。不用"发头"的保藏米法，叫"冷摊"，米色虽白，但吃起来却味淡。

---

① 《清代六部成语词典》，见《户部成语》，天津人民出版社，1990 年版。

▲（清）乾隆铜胎掐丝珐琅冰箱

▲（清）光绪青花瓷冰箱

冬春米“开囤”后，选两三斗好米，装在麻苧布袋中，等新冬春米上囤时，再随着新米入囤中，次年开囤取出，这叫“陈米”。入囤三次保藏的米为最好，易于消化，开胃健脾，最适宜病人食用。①

综上所见，明清的食物保藏品种齐全，方式先进，蔚为大观。如果按以前时代已有的食物保藏类别和专家的划分，② 明清的保藏可概括分为五个种类。

一为降温、保温类：主要是冰藏、井藏、坑藏。

二为调味品腌渍类：主要是蜜藏、糖藏、盐藏、酱藏、醋藏、酒藏。

三为干藏类：主要是燥藏、风藏、脱水藏、熏炙藏、脯腊藏、焙烘藏。

四为密封类：主要是泥封、纸封、缸封、油封。

五为生物化学类：主要是生物相生藏、灰藏、铜藏、砂藏。

对食物的保藏，已成为明清时期人民日常饮食的有机组成部分。如果从农业的角度说，每一个季节，

---

① 汪日桢：《湖雅》卷八《造酿》。

② 陶文台：《中国烹饪史略》，第九章，江苏科学技术出版社，1983 年版。

▲（明）佚名 陈廪米

都要耕种，随之而来的就是将收获的食物加以保藏，如影相随。[1] 而且，在前代已经积累起来的丰富的食物保藏基础上，明清的食物保藏在各个方面又有所创新。

像“生物相生藏”：盐酒蟹每一器十只，用皂荚半挺置中，则经岁不坏，好盐中用皂荚于中，虽用篭笼盛之，无卤矣。

山楂子和水、浮炭同盛，过时色不变而肉不坏。

好香油浸生鲥鱼，虽盛暑中经月不变，又蒸过干冬菜同肉炒亦然。[2]

明代以来还对枣子保藏有新法：将才熟枣，乘清晨连上枝叶摘下，不损伤，通风处晾去露气；捡新缸无油酒气者，清水刷净，火烘干，待冷；取净秆草晒干，候冷；一层草，一层枣，入缸中封固，可至来岁犹鲜。[3] 这种方法的重心是装枣缸要无油气，是为了防止滋生霉菌；无酒气则是和保藏柑橘的原理相同。

---

① 明代刘基：《多能鄙事》；清代丁宜曾：《农圃便览》。

② 郎瑛：《七修类稿》卷四七《事物类·食用制法》。

③ 汪灏：《广群芳谱》卷五八《果谱·枣》。

随着从外国传来的番薯的推广，“晒番薯法”应运而出：拣好大条者，去皮干净，安放层笼内蒸熟，用米筛磨细，去根，晒去水汽，做条子或印成糕饼晒干，装入新瓷器内，不时作点心，甚佳。[①]

至于人们最常食用的肉，则有“收放熏肉”法：大缸一个，洁净，置大坛烧酒于缸底，上加竹篾，储肉篾上，纸糊缸口。用时取出，不坏。[②]

如此等等，明清的食物保藏已进入了一个山花烂漫般的春天……

---

① 李化楠：《醒园录》卷下《晒番薯法》。

② 朱彝尊：《食宪鸿秘》下卷《肉之属·收放薰肉》。

后记

二十世纪八十年代中期，我应赵荣光教授之邀，“客串”《中国饮馔史》研究写作。

明清饮食自来无史，问题繁杂，遂将明清列一单元，为此我孜孜以求，费时八年，成一专著。后以《明清饮食研究》之名，在台湾以繁体字出版，两次印刷，行销海外。大陆清华大学出版社则以《1368—1840中国饮食生活》之名，以简体字出版，印刷两次，面向普罗。

两书内容似与《明清饮食》差别不大，其实不然。

笔者为了突出人在饮食活动中的作用，搜集了许多可以与明清饮食历史互相证明的图片资料，并将其布之于清华版的书中，书中某些章节由于有图片的映照而显得灵动起来。

现在，是宋杨女史，将明清饮食最具代表性的食贩图片分门别类，加以勾连，构成了食贩人物绣像长廊，它不仅供人欣赏，更主要的是从食贩出发拉开了一个新的研究方向的帷幕。

为使《明清饮食》更加严谨准确，精益求精，责编傅娉细致审核，以文字与图片相得益彰，就此可以说：三版堪称新书，以此书加之二十年检验的二书，标示着明清饮食研究线索大体可寻，一个厚重的研究体系的基石已经显现。我相信，我期待……

伊永文

匆匆写于二〇二二年十二月
防疫之冬夜晚

图书在版编目（CIP）数据
明清饮食：艺术食器·庖厨智慧 / 伊永文著. 一北京：中国工人出版社，2023.1
ISBN 978-7-5008-7820-9
Ⅰ.①明… Ⅱ.①伊… Ⅲ.①饮食－文化－中国－明清时代 Ⅳ.①TS971.202
中国版本图书馆CIP数据核字（2023）第006467号

明清饮食：艺术食器·庖厨智慧

出 版 人　董　宽
责任编辑　傅　娉
责任校对　赵贵芬
责任印制　黄　丽
出版发行　中国工人出版社
地　　址　北京市东城区鼓楼外大街45号　邮编：100120
网　　址　http://www.wp-china.com
电　　话　（010）62005043（总编室）
（010）62005039（印制管理中心）
（010）62379038（社科文艺分社）
发行热线　（010）82029051　62383056
经　　销　各地书店
印　　刷　三河市东方印刷有限公司
开　　本　787毫米×1092毫米　1/32
印　　张　10.375
字　　数　160千字
版　　次　2023年5月第1版　2023年5月第1次印刷
定　　价　78.00元